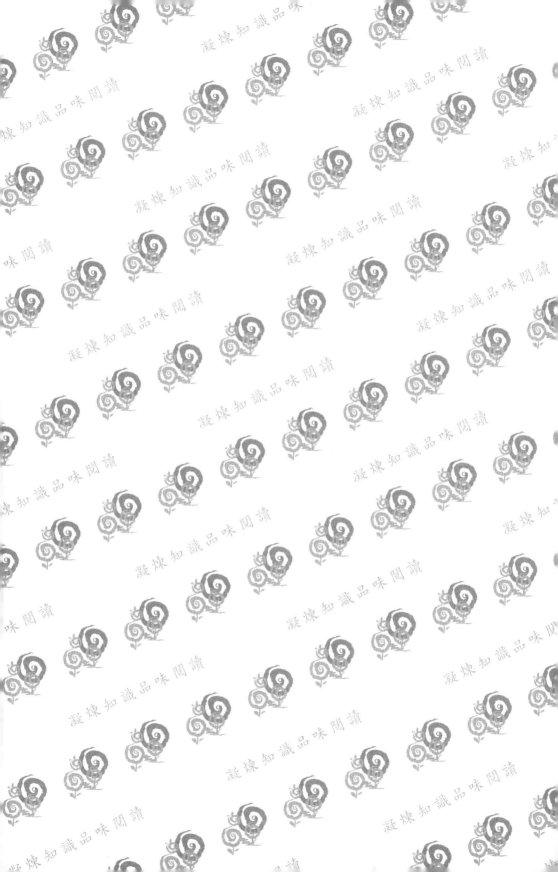

文圖互織的資料寫作學
使用R Markdown

Data Writing with Tables and Figures

Use R Markdown

何宗武 著

五南圖書出版公司 印行

推薦序

曾幾何時，其實就是這三、四年間，大數據三個字已不再是紅透半邊天的新興術語，它在媒體的報導中，讓位給了資料科學，再讓給了 AI。錯解趨勢的人以為大數據的相關領域變得不重要。其實，正因為新技術的推進，資料科學領域出現了快速的造山運動，現在的技術變成了更新的技術之基礎。當前最新的風潮，已不再是吹捧「我經手的數據有多大」，而是「我能讓手上的數據有多厚」。對大數據的理解已推進到了敘事。沒有能力「說故事」，或把故事分享出來讓人看懂，你就落伍了。你除了有駕馭大數據的基本功，也要能展現一個「資料記者」(data journalist) 的技能與優雅。

當前我們把擁有資料分析、解讀與將結果視覺化溝通能力的（達）人，推崇為「資料記者」。他們比起傳統不動手做資料分析的記者，多了能自己動手分析資料，而且能透過數據分析工具產生圖與表，再將資料背後重要的意義轉譯出來的強項。這本書，無疑是寄望有資料分析興趣與能力的高手們，扮演起資料記者的角色。

何宗武老師以俠客的心腸，透過《文圖互織的資料寫作學：使用 R Markdown》這本書，手把手教你扮演好資料記者的角色，為資料增加更多敘事。讓你學會出版之後，能夠充分把你想說的意義快速展現給讀者。你所需要的就是長文件 (long form document) 的文字出版能力。當然，最好是不費力地就能將你的想法邊寫邊完成出版。無論是將文件轉為部落格長文，還是進一步轉為書籍，甚至是網站。這件事能越輕鬆越好、門檻越低越好。這本書就是這樣的手冊。

因為 data journalist 很難直翻，所以翻作「記者」，或只在傳播學院教，都顯得太窄。畢竟不是只有記者才要升級，每個行業都需要這樣的人才，用敘事能力來跟生成式 AI 抗衡。所以我大膽地將何老師這本書的讀者，期許為資料偵探 (data detectives)。偵探是一個非常專業、很少人能取代，而且只有少數人能做到的角色。資料偵探，是能夠駕馭自己專業領域的資料並且用它產生意義，或是能使用資料來形成線索的高手。資料偵探要做的事，不限於描述與記錄，更多時候是將資料產生的意義加以串接與形成更多理解世界的線索，並且讓他們的讀者更快、更精準地理解現象背後的真相。

AI 工具正在以副駕駛 (copilot) 的身分，進入你我工作所用的電腦與手機。我們該嚴肅地問自己能不能像柯南‧道爾筆下的名偵探福爾摩斯，以辦案的精神來看待手邊的資料，以及是不是能將 AI 當作是華生（福爾摩斯的左右手，也是最好的辦案夥伴），好好讓它協助你織造意義。AI 能讓你看見取自網路的意見，甚至能為你把想法製成圖片，但是畢竟它不會懂你生活的脈絡，所以還無法代替你解讀資料背後串接的意義。擁有資料分析能力的你，必須是個能常與華生對話的偵探——而不是倒過來請華生來解謎。而且你還要能自己發表想法，不能只靠華生幫你出版小說。

何老師的《文圖互織的資料寫作學：使用 R Markdown》使用了 RStudio 的免費平台，直接示範教你如何出版「小說」。你將先學會製表、製圖與繪製地圖的基本功。接著，你將學習（或是應用）Markdown 語法，在 R Markdown 的文件中，將 R 語法及結果直接與你的解讀編織 (knit) 在一起，形成一份 HTML 文件，進而轉為簡報檔或一本線上圖書。擁有這個能力之後，你作為資料偵探辦案的推理過程，就可以快速地與他人分享。這是我個人期待已久的能力，也是我非常想帶給研究生同學的能力。隨著這本書的上線與問世，我相信這能力的火種將落入大學生、社會各行業專家，甚至是高中生的手裡。我們已不知落後英語世界幾年了，在中文世界（終於）有何老師做這件事。若你看看 https://bookdown.org/，就會知道何老師（和許多資料科學教育者）是多麼殷殷企盼你後來居上，用資料敘事的能力，打開更多人的視野。

中山大學劉正山教授

前言

　　Data Journalism 經常譯成資料新聞學，其實，就技術層次，這個詞更好的名稱是資料敘事學，畢竟，Journal 一詞更通用的意義是嚴謹且專業的出版物，或稱期刊，不一定指學術期刊。例如，英國《經濟學人》(*The Economist*) 的內容，對問題的描述必須輔佐專業且清晰的圖表；IMF 的 World Economic Outlook[1]內容，除了專業學理，也有大量專業的統計圖與表來輔佐內容敘事。

　　本書目的是為資料敘事，也就是將資料圖表分析和寫作整合起來。因為一個好的圖表，會讓寫作變得簡單。背後的精神是可重製文件 (reproducible documents) 或動態文件 (dynamic documents) 的製作與流通，製作這些優美東西的就是 Markdown 文本，透過 Markdown，我們可以輸出多種格式，如：MS-Word、PDF 和 HTML。如果要直接發布一篇和數據分析有關的網誌，Markdown 的 blogdown 可以直接完成並發布在指定網站；如果要製作簡報，Markdown 可以製作精彩的 PPT；如果要寫一本書或碩博士論文，bookdown 可以完美整合，並可以指定期刊格式、編輯文獻目錄和內文。

---

[1] https://www.imf.org/-/media/Files/Publications/WEO/2023/April/English/text.ashx.

目錄

I. 傳遞資訊的視覺化技巧

II.　R Markdown 的動態文件製作

* 下載本書相關檔案，請上五南官網 https://www.wunan.com.tw，首頁搜尋書號 1H3R。

傳遞資訊的視覺化技巧

RStudio 與 R

本書執行程式的介面和程式編輯器以RStudio為主，下載的網站如下：

https://posit.co/download/rstudio-desktop/

1.1　RStudio 裝置

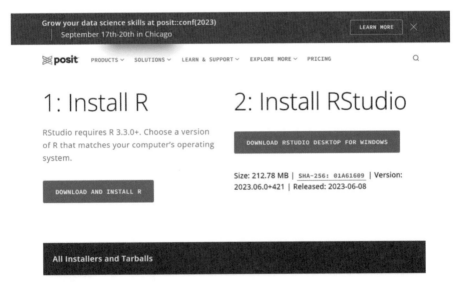

▶▶ 圖 1.1-1　RStudio 官網

https://posit.co/download/rstudio-desktop/

進入 RStudio 官網如圖 1.1-1，有兩個選項：

1. Install R。如果你的電腦還沒有 R 的系統，可以循此去裝置 R 的系統。
2. Install RStudio。選這個可以直接進入下載區，圖 1.1-1 滾動滑鼠至下半部，會發現 RStudio 支援的所有作業系統，框起來的是 Windows 版，如果讀者是用 Linux，就可以依指示下載相關的 Tarballs 檔案；如果是用 Mac，就選 .dmg 下載。

視窗版的 RStudio 下載大約 82MB，裝置完畢後，會在電腦桌面產生一個圖樣，啓動 RStudio 的介面如圖 1.1-2。RStudio 的四個區塊，可以說是將時常使用的環境功能整合起來。右邊上下分別是「物件暫存區」和「其他」兩個筆記本模式。「物件暫存」可以讓我們看到在程式中產生的資料物件或載入的數據有哪些，筆者的筆記本頁面還有一個「Spark」，因為 RStudio 已經把大數據資料庫整合進來，從這個管道就可以連結 Spark 資料庫。「其他」則把很多功能併入，包括了電腦檔案 (Files)、繪圖 (Plots)、套件 (Packages)、說明 (Help)，和快速檢視 (Viewer)。

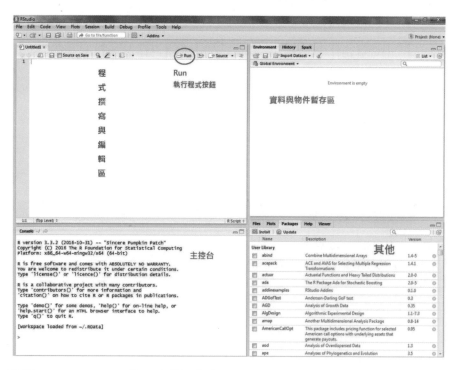

▶▶圖 1.1-2　RStudio 的四方面板主介面

　　左邊上下分別是「程式碼編輯區」和「主控台」，也就是說，啟動 RStudio 就會連帶啟動 R 的主程式。這和 R Commander 完全不同，R Commander 是 GUI，必須先啟動 R 的主控台再以套件方式才能啟動。RStudio 則是針對開發者所設計的介面，不是應用的 GUI。

　　執行程式碼，先用滑鼠將要執行的程式框起來，然後按「程式碼編輯區」的「Run」就可以，執行結果會在下方主控台出現。如果要執行整個程式檔，可以由選單「Code」進入多個選項，如圖 1.1-3。

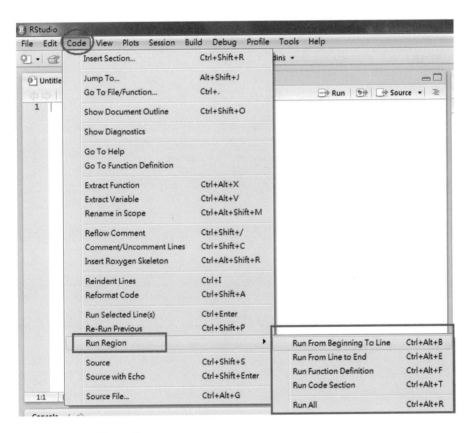

▶▶圖 1.1-3　執行程式

　　RStudio 內有許多資源，可以依照圖 1.1-4 的指示下載說明便利貼 Cheatsheets。因為 R 是開放的，所以學習的項目無法在本書涵蓋一切，盡可能要取得網路資源，也可以查詢更多的學習項目。

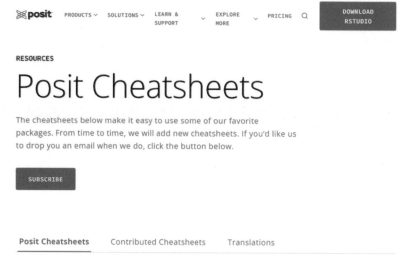

▶▶圖 1.1-4　便利貼下載
https://posit.co/resources/cheatsheets/

1.2　變更四方面板

　　如果使用上不習慣 RStudio 四方面板的安排，這是可以改的。如圖 1.2-1，先進入面板 Pane。

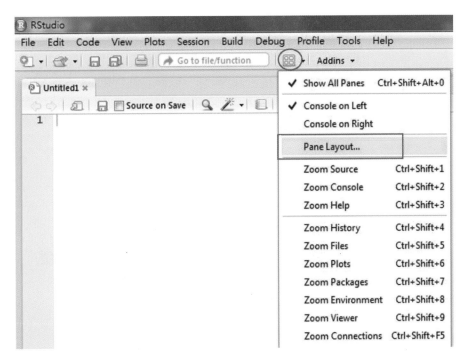

▶圖 1.2-1　進入四方面板選項 Pane Layout

　　圖 1.2-2 四方面板內筆記本的選項，如右邊的兩塊都可以依照使用者的需要調整。

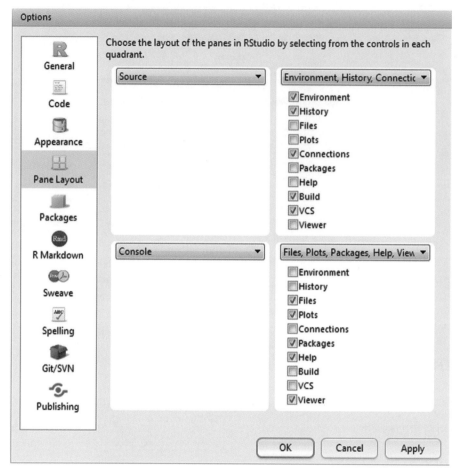

▶▶圖 1.2-2 四方面板內筆記本的選項，都可以調整

　　如果要更換四方面板，如圖 1.2-3，只要擇一就會自動置換，如果要把四方格換成三格或兩格，需要進階設定。

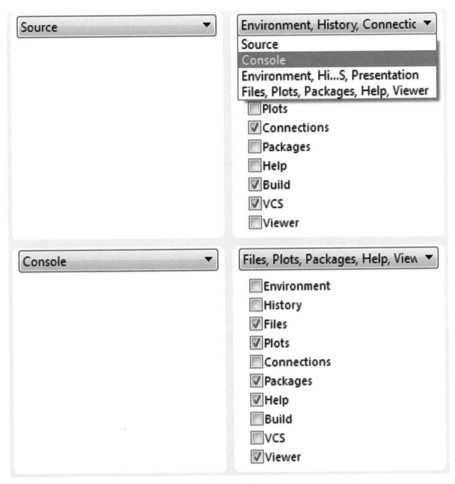

▶▶圖 1.2-3　把 Environment 和 Console 對調

　　最後一個重要功能是「指定工作目錄」。一般啓動 R 程式，可以透過電腦的檔案總管，找到 R 程式的位置，滑鼠快點兩下，只要在系統將 .R 的程式和 RStudio 關聯，就會直接載入 RStudio。這時候，工作目錄會自動設成程式所在位置。

　　但是，我們有時候不會這樣打開程式，而是直接打開 RStudio，然後從最近使用的程式中 (Files ® Recent Files)，點選要繼續工作的程式檔。這樣的話，就必須指定工作目錄，如圖 1.2-4；如果這個程式有很多參照工作目錄的「路徑」時，如存取資料，這樣的工作就更重要了。如果要讀取的數據檔 mydata.csv 是存放在主目錄的下一層 data，就是 "data/"，可以如下路徑為例：

"data/mydata.csv"

如果 "data/mydata.csv" 是在工作目錄上一層，則：

"../data/mydata.csv"

同理，上兩層，則：

"../../data/mydata.csv"

大多數的 IDE 都有這功能，也都需要宣告。因為專案、資料夾、工作路徑等等設定，會隨著時間或大量使用而修改，最好的方法就是使用雲端資料夾，如 Google Drive、OneDrive、Dropbox 等服務，確保工作隨時更新。

如果用程式碼，就把以下命令放在程式第一行，也可以達到相同功能。

setwd(dirname(rstudioapi::getActiveDocumentContext()$path))

setwd = Set Working Directory

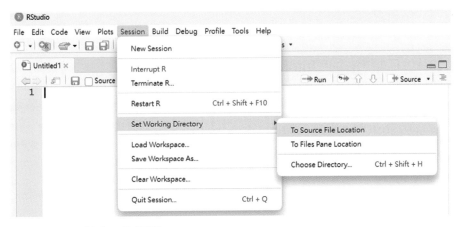

▶▶圖 1.2-4　指定工作目錄

　　因為本書是 R 動態文件製作，所以不會系統性介紹 R 的基礎語法。如果需要相關學習資源，在 Google 搜尋「R 語言」，就會出現很多存取各種資料格式的教學網站[1]和 R 語言入門教學。接下來有遇到需要解說的語法，本書會另外用 Box 講解。

　　進入第 2 章之前再強調一下，RStudio 是使用動態文件製作與編輯最好的 IDE，整合性極好。我們也將會在 RStudio 內打開 Markdown 文件，對於這項工具，務必熟悉。

　　本書使用的數據，主要使用網路可擷取之開放數據和 R 內建數據，少量為作者提供的外部資料。

---

[1]　如需要推薦書，可以參考劉正山 (2018)，《民意調查資料分析的 R 實戰手冊》，此書前五章對各種格式的外部資料存取有詳細說明，還有基礎統計功能的解說。

1.3　RStudio

1.3-1　R 學習助手 Tutorial

　　RStudio 四方面板提供 R 學習入門，如圖 1.3-1 的 `Tutorial` ，內容是基於套件 learnr，點選右邊的 `Start Tutorial` ，就可以開始學習主體。在 Tutorial 這個環境，缺的套件都會自動詢問裝置。

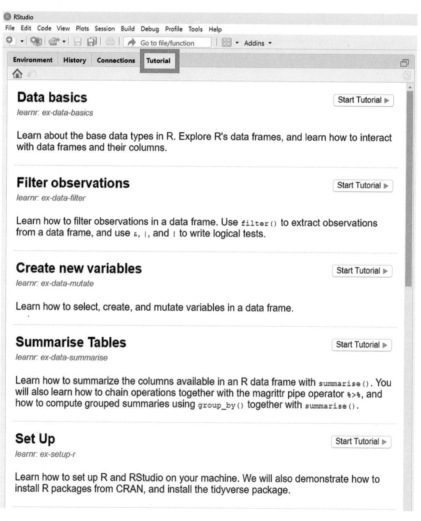

1.3-2　Connections

　　Tutorial 左邊有一個選項，如圖 1.3-2 的 Connections ，是啓動與資料庫伺服器的連結與相關運算。RStudio 提供 ODBC 式的資料庫，如 MySQL/SQL 等形態，和 Spark 資料庫，也就是通稱的大數據。其實，兩者都有很大的容量，連結 Spark 後，使用相關套件，可以提高分散式運算的效能。

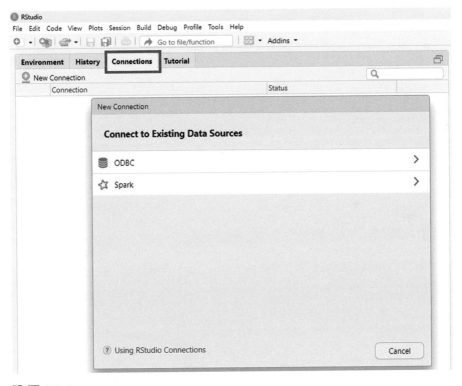

▶▶圖 1.3-2

## 第 2 章

製作傳遞資訊的表格

一般我們做成表格的內容有兩類：

第 1 種是整理過的原始資料，例如，經過排序或分類處理的資料表。

第 2 種就是經過處理後的原始數據，以迴歸分析爲例，一般可以分爲敘述統計和估計結果。在 R 內無法直接製作出類似 Word 的表格，如果要獨立製作，有兩個方法：

方法 1：將表格外存爲 .csv 格式，再複製貼上 Word。

方法 2：將表格產生爲圖檔，再讀進去 Word。比較高階的表格，都必須使用這種方法才能保留格式。

本章主要介紹兩個表格套件 gt 和 kableExtra，gt 是 RStudio 所開發[1]，kableExtra 則是 Zhu Hao 所開發[2]。

在表格製作上，雖然尚有 gridExtra::grid.table，但是套件 gt 和 kableExtra 產生的物件，可完美融入 Markdown 的表格編號，grid.table 的表格物件是圖檔，在 Markdown 的自動編號功能中，無法辨識爲表格。適合以圖製表，單獨存取，或以圖做表的環境。但是，就寫作一事，工具最好統一單純。表格就是表格，圖像就是圖像。Markdown 會辨識區分圖和表。

爲什麼要介紹 gt 和 kableExtra 兩個套件？ gt 的表格製作主要是 HTML Table，目前還不能充分支援 LaTex Table；如果要在表格內呈現 LaTex 的優美數學符號，那就必須使用 kableExtra。但是，要注意 kableExtra::kable 必須在 Markdown 文件 (.Rmd) 內才能顯示，kableExtra::kbl 則可以像 gt 一樣，

---

[1]　https://gt.rstudio.com/index.html.

[2]　https://github.com/haozhu233/kableExtra.

在 Viewer 預覽呈現。

　　R Markdown 內的 knitr::kable 不支援 LaTex Table 和複雜表格製作，kableExtra 內建的 kableExtra::kbl 則可以支援 LaTex Table 和複雜表格製作。讀者可依需要，自行選用。

　　本書用 Base R 處理程式流程，不是 Tidyverse。以下有一些結果，讀者可以透過於五南網站下載的附檔 R 程式碼檢視，本書為了節省篇幅，只擇要顯示需交叉說明的。

2.1　套件 gt 的表格製作

　　首先，我們說明如何將簡單的數值向量：排序再做成表格。載入外部資料 pop，其為 2017 年的新興市場的人口數量，如下：

```
load("data/pop.RData")
```

承上，pop 是數值向量，因此我們可以直接排序。

```
pop_TBL0 = sort(pop, decreasing = TRUE)
head(pop_TBL0, 10)
```

pop_TBL0 不是矩陣，也不是 data.frame，因此，我們做 data.frame 處理，再將列名稱 (rownames) 消除，如下：

```
pop_TBL = data.frame(Country = names(pop_TBL0), Pop = pop_TBL0)
rownames(pop_TBL) = NULL
head(pop_TBL, 10)
```

　　因為套件 gt 不處理列名稱，故上述的程式碼先把列名稱納為新增欄資料，再將列名稱移除。

2.1-1　簡單的 gt 表

我們先載入套件 gt，再製表。

```
library(gt) # 載入套件 gt
gt_TBL21 = gt(head(pop_TBL, 10)) 產生表 2.1-1 的結果。
```

▶表 2.1-1　表格物件 gt_TBL21

Country	Pop
China	1421.02179
India	1338.67678
Indonesia	264.65096
Brazil	207.83382
Russian Federation	145.53008
Mexico	124.77732
Philippines	105.17292
Turkey	81.11645
Thailand	69.20981
South Africa	57.00976

因為我們需要以 rownames 的資訊來處理資料表，所以要將列名稱轉成一個欄位。如果只是要簡單顯示，製表時，添加 "rownames_to_stub = TRUE" 即可：

gt(pop_TBL, rownames_to_stub = TRUE)

在 RStudio 內，指令 gt(head(pop_TBL, 10)) 會在 Viewer 內預覽結果，這個結果表要單獨取出，無法使用框架內的 Export 將之輸出為圖檔，因此需要使用 gtsave() 並指定路徑，如下：

gtsave(gt_TBL0, path = "images/2-1.png")

這個表格顯示前 10 列，基本上算是不錯，但是，往往我們還需要更多資訊，例如：表頭 (Table header & sub-header)、橫幅標籤 (Stub)，以及表的註釋與資料來源。製作表格說明使用 tab_header() 這個函數，展示前，我們先說明 Base R 的內建 pipe |> 如何使用：
如下：

```
gt(head(pop_TBL, 10)) |>
     tab_header(
          title = " 新興市場人口 ",
          subtitle = " 前 10 名, 百萬人 ")
```

相當於以下步驟：

```
gt_TBL21 = gt(head(pop_TBL, 10)) # 產生 gt 表格
gt_TBL22 = tab_header(gt_TBL21,
          title = " 新興市場人口, 2017",
          subtitle = " 前 10 名, 百萬人 ")
```

也就是表 2.1-2。由上述程式，可知使用 |> 的工作流程，好處是不需

要產生大量物件，本書所有程式皆採用 Base R 的 |> 運算子建立資料的工作流程 (workflow of data)，不需要額外裝任何套件[3]。

▶表 2.1-2 表格物件 gt_TBL22

新興市場人口
前 10 名，百萬人

Country	Pop
China	1421.02179
India	1338.67678
Indonesia	264.65096
Brazil	207.83382
Russian Federation	145.53008
Mexico	124.77732
Philippines	105.17292
Turkey	81.11645
Thailand	69.20981
South Africa	57.00976

---

[3] 原本在 tidyverse 生態系開發出 %>% 運算子建立資料的工作流程，稱為 Forward Pipe，使用之前，必須要安裝和載入套件 magrittr，現在 Base R 已經有此功能，相當簡便。

2.1-2　在表底添加註釋與索引| tab_source_note

在表 2.1-2 的底部添加註釋，可以使用函數 tab_source_note，如果要兩個索引，則使用兩次函數 tab_source_note，如下：

```
gt_TBL23<-
    gt_TBL22 |>
        tab_source_note(source_note = "Source: R Package pwt10.") |>
        tab_source_note(source_note = "Reference: Penn World Table,
                                10.01(base year: 2017).")
```

▶表 2.1-3　表格物件 gt_TBL23

新興市場人口
前 10 名，百萬人

Country	Pop
China	1421.02179
India	1338.67678
Indonesia	264.65096
Brazil	207.83382
Russian Federation	145.53008
Mexico	124.77732
Philippines	105.17292
Turkey	81.11645
Thailand	69.20981
South Africa	57.00976

Source: R Package pwt10.
Reference: Penn World Table, 10.01(base year: 2017).

2.1-3　對表格屬性添加說明註腳

　　除了資料來源註釋，要根據格子 (cells) 的性質加上說明，好比 Country 欄的第 1、2、4、5 列是早期的金磚四國，我們可以這樣標註：使用函數 tab_footnote，再宣告 footnote = " 屬性 " 註明文字描述，與 locations = cells_body() 指定行列位置。如下：

```
gt_TBL24 = tab_footnote(gt_TBL23,
          footnote = " 金磚四國 ",
          locations = cells_body(columns = Country, rows = c(1, 2, 4, 5)))
```

▶表 2.1-4　表格物件 gt_TBL24

新興市場人口
前 10 名，百萬人

Country	Pop
China[1]	1421.02179
India[1]	1338.67678
Indonesia	264.65096
Brazil[1]	207.83382
Russian Federation[1]	145.53008
Mexico	124.77732
Philippines	105.17292
Turkey	81.11645
Thailand	69.20981
South Africa	57.00976

[1] 金磚四國

Source: R Package pwt10.
Reference: Penn World Table, 10.01(base year: 2017).

接下來，我們針對人口欄的最大值加註。

```
gt_TBL25 = tab_footnote(gt_TBL24,
            footnote = " 人口最多數量 ",
            locations = cells_body(columns = Pop, rows = Pop ==
            max(Pop)))
```

▶️表 2.1-5　表格物件 gt_TBL25

新興市場人口	
前 10 名，百萬人	
Country	Pop
China[1]	[2] 1421.02179
India[1]	1338.67678
Indonesia	264.65096
Brazil[1]	207.83382
Russian Federation[1]	145.53008
Mexico	124.77732
Philippines	105.17292
Turkey	81.11645
Thailand	69.20981
South Africa	57.00976

[1] 金磚四國

[2] 最多人口數量

Source: R Package pwt10.

Reference: Penn World Table, 10.01(base year: 2017).

　　承上，使用 cells_body() helper 函數可以利用 columns and rows 參數指定參照位置，gt 有不少以 cells_* 衍生出來的子函數，可以指定更複雜的幾何位置做參照說明。

2.1-4　列分類──使用 tab_stubhead 標籤功能

　　接下來，我們要說明如何在表格內製作小群組，這稱爲 Stub。主要是在列的方向，將列標籤歸類。同前，我們回到上面原始步驟。創建一個表格，指定其列標籤的欄名稱，此例爲 Country。

　　如下：

```
gt_TBL26.tmp1<-
    pop_TBL  |>
        head(15)  |>
            gt(rowname_col = "Country")  |>
                tab_header(
                    title = " 新興市場人口 ",
                    subtitle = " 前 15 名, 百萬人 ")
```

最後添加一個 stubhead 標籤：

```
gt_TBL26.tmp2<- tab_stubhead(gt_TBL26.tmp1, label = "Country")
```

在外觀上看不出來 gt 對表格執行了 tab_stubhead，接下來就是把金磚四國歸在一群，然後下標籤，如下：

```
gt_TBL26<- tab_row_group(gt_TBL26.tmp2,
        label = " 金磚四國 ",
        rows = Country %in%
            c("Brazil", "Russian Federation", "India", "China")
            )
```

▶表 2.1-6　表格物件 gt_TBL26

新興市場人口
前 15 名，百萬人

Country	Pop
金磚四國	
China	1421.02179
India	1338.67678
Brazil	207.83382
Russian Federation	145.53008
Indonesia	264.65096
Mexico	124.77732
Philippines	105.17292
Turkey	81.11645
Thailand	69.20981
South Africa	57.00976
Colombia	48.90984
Argentina	43.93714
Poland	37.95318
Peru	31.44430
Malaysia	31.10465

gt_TBL27 = tab_row_group(gt_TBL26,

　　　　　　label = " 亞洲新興市場 ",

　　　　　rows = Country %in%

　　　　　　　　c("Indonesia", "Philippines",　"Thailand", "Malaysia"))

　　上面程式將亞洲四個國家圈起來，結果如表 2.1-7。

▶ 表 2.1-7　表格物件 gt_TBL27

新興市場人口
前 15 名，百萬人

Country	Pop
亞洲新興市場	
Indonesia	264.65096
Philippines	105.17292
Thailand	69.20981
Malaysia	31.10465
金磚四國	
China	1421.02179
India	1338.67678
Brazil	207.83382
Russian Federation	145.53008
Mexico	124.77732
Turkey	81.11645
South Africa	57.00976

Stubhead 的表格分組功能，就是橫插一列，然後給予群名即可。在 Word 內就是「插入空白列 + 原資料往下移動」。此處我們必須注意，如果要取得多個國家，rows = 後面的比對要用 %in% ，除非直接宣告列數字。

2.1-5　欄分類——使用 tab_span 標籤功能

我們載入外部資料 macro.RData，這筆數據和 pop 類似，都是由 pwt10.01 取出的實質 GDP。

```
macro_TBL = read.csv("data/macro.csv")
head(macro_TBL)
```

表 2.1-8 的變數說明如下：

- rgdpe: Expenditure-side real GDP at chained PPPs (in million 2017 USD).
- rgdpo: Output-side real GDP at chained PPPs (in million 2017 USD).
- cgdpe: Expenditure-side real GDP at current PPPs (in million 2017 USD).
- cgdpo: Output-side real GDP at current PPPs (in million 2017 USD).

執行以下程式，就可以產生欄位合併的表格。

先建立基本 gt 表格，命名為 gt_TBL28.tmp：

```
gt_TBL28.tmp<- tab_header(gt(head(macro_TBL)),
                title = "2017 年各國實質 GDP, 百萬美元 ",
                subtitle = " 以 2017 年價格為基期的 PPP 計算 ")
```

再依次處理欄位分組：

```
gt_TBL28<-
  gt_TBL28.tmp        |>
  tab_spanner(label = " 鍊式價格 (chained) PPPs",
```

```
                    columns = c("rgdpe", "rgdpo"))　|>
    tab_spanner(label = " 當期價格 (current) PPPs",
                    columns = c("cgdpe", "cgdpo"))
```

▶ 表 2.1-8　表格物件 gt_TBL28

2017年各國實質GDP，百萬美元
以2017年價格為基期的PPP計算

Country	鍊式價格(chained) PPPs		當期價格(current) PPPs	
	rgdpe	rgdpo	cgdpe	cgdpo
Argentina	1026128.1	1022513.2	1026128.1	1022513.2
Bulgaria	146484.2	139064.7	146484.2	139064.7
Brazil	2970570.8	2968825.5	2970570.8	2968825.5
Chile	428811.7	422309.0	428811.7	422309.0
China	19501140.0	19687162.0	19501140.0	19687162.0
Colombia	650044.0	656700.6	650044.0	656700.6

　　根據表 2.1-8，將兩個 tab_spanner 左右調換，也是十分簡單。添加更多符號，可參考前述的 gt 官方網站與相關解說文件。

2.1-6　表格特定區塊標註

　　市場價格變動，有漲有跌，對於數字變化，gt 處理方法之一是可以用紅箭頭往上代表上漲，綠箭頭向下代表下跌。我們用台灣加權指數來說明這項功能。先利用 quantmod 這個套件下載台灣加權指數（代號

^TWII），下載的語法在附帶程式中，書內範例使用已經處理過的週資料，如下：

我們先把欄位變數名稱的前置詞 "TWII." 移除：

```
library(xts)
load("data/TWII.RData")
ID = gsub(colnames(TWII.wk), pattern = "TWII.", replace = "")
colnames(TWII.wk) = ID

TWII.wk = data.frame(Date = time(TWII.wk), TWII.wk)
gt_TBL29 = tab_header(gt(TWII.wk),
            title = "台股加權指數, 週頻率",
            subtitle = paste0(rownames(xts::first(TWII.wk)), " to ",
                        rownames(xts::last(TWII.wk))))
```

▶表 2.1-9　表格物件 gt_TBL29

| 台股加權指數，週頻率 | | | | | | |
| 2023-04-28 to 2023-07-07 | | | | | | |
Date	Open	High	Low	Close	Volume	Adjusted
2023-04-28	15555.10	15643.86	15284.46	15579.18	14285600	15579.18
2023-05-05	15588.68	15673.62	15523.50	15626.07	10183000	15626.07
2023-05-12	15648.54	15757.80	15424.42	15502.36	13542000	15502.36
2023-05-19	15489.18	16189.81	15434.52	16174.92	15497100	16174.92
2023-05-26	16168.74	16537.79	16070.16	16505.05	16825000	16505.05
2023-06-02	16610.86	16752.20	16477.43	16706.91	21022600	16706.91
2023-06-09	16714.48	16922.48	16694.21	16886.40	19616100	16886.40
2023-06-16	16899.49	17346.32	16899.49	17288.91	22883000	17288.91
2023-06-21	17274.07	17306.81	17121.59	17202.40	13194600	17202.40
2023-06-30	17182.48	17182.48	16792.34	16915.54	18154400	16915.54
2023-07-07	16915.54	17154.10	16593.84	16664.21	20673500	16664.21

表 2.1-9 是基本 gt 表格，我們要修改一下呈現的格式：

1. 價格變數，數值前置 $ 符號。

2. 成交量 Volume 的數字尾巴加 M，變成百萬。

gt 內有兩個獨立函數 fmt_currency() 和 fmt_number()，分別可以完成上式兩個要求，作法如下：

gt_TBL210 = fmt_currency(gt_TBL29, columns = c(Open, High, Low, Close, Adjusted))
gt_TBL211 = fmt_number(gt_TBL210, columns = Volume, suffixing = TRUE)

表 2.1-10 為表 2.1-9 內的價格變數添加了 $ 符號，表 2.1-11 則修改了成交量 Volume 的顯示格式。

▶表 2.1-10　表格物件 gt_TBL210

| 台股加權指數，週頻率 | | | | | | |
| 2023-04-28 to 2023-07-07 | | | | | | |
Date	Open	High	Low	Close	Volume	Adjusted
2023-04-28	$15,555.10	$15,643.86	$15,284.46	$15,579.18	14285600	$15,579.18
2023-05-05	$15,588.68	$15,673.62	$15,523.50	$15,626.07	10183000	$15,626.07
2023-05-12	$15,648.54	$15,757.80	$15,424.42	$15,502.36	13542000	$15,502.36
2023-05-19	$15,489.18	$16,189.81	$15,434.52	$16,174.92	15497100	$16,174.92
2023-05-26	$16,168.74	$16,537.79	$16,070.16	$16,505.05	16825000	$16,505.05
2023-06-02	$16,610.86	$16,752.20	$16,477.43	$16,706.91	21022600	$16,706.91
2023-06-09	$16,714.48	$16,922.48	$16,694.21	$16,886.40	19616100	$16,886.40
2023-06-16	$16,899.49	$17,346.32	$16,899.49	$17,288.91	22883000	$17,288.91
2023-06-21	$17,274.07	$17,306.81	$17,121.59	$17,202.40	13194600	$17,202.40
2023-06-30	$17,182.48	$17,182.48	$16,792.34	$16,915.54	18154400	$16,915.54
2023-07-07	$16,915.54	$17,154.10	$16,593.84	$16,664.21	20673500	$16,664.21

▶表 2.1-11　表格物件 gt_TBL211

台股加權指數，週頻率						
2023-04-28 to 2023-07-07						
Date	Open	High	Low	Close	Volume	Adjusted
2023-04-28	$15,555.10	$15,643.86	$15,284.46	$15,579.18	14.29M	$15,579.18
2023-05-05	$15,588.68	$15,673.62	$15,523.50	$15,626.07	10.18M	$15,626.07
2023-05-12	$15,648.54	$15,757.80	$15,424.42	$15,502.36	13.54M	$15,502.36
2023-05-19	$15,489.18	$16,189.81	$15,434.52	$16,174.92	15.50M	$16,174.92
2023-05-26	$16,168.74	$16,537.79	$16,070.16	$16,505.05	16.82M	$16,505.05
2023-06-02	$16,610.86	$16,752.20	$16,477.43	$16,706.91	21.02M	$16,706.91
2023-06-09	$16,714.48	$16,922.48	$16,694.21	$16,886.40	19.62M	$16,886.40
2023-06-16	$16,899.49	$17,346.32	$16,899.49	$17,288.91	22.88M	$17,288.91
2023-06-21	$17,274.07	$17,306.81	$17,121.59	$17,202.40	13.19M	$17,202.40
2023-06-30	$17,182.48	$17,182.48	$16,792.34	$16,915.54	18.15M	$16,915.54
2023-07-07	$16,915.54	$17,154.10	$16,593.84	$16,664.21	20.67M	$16,664.21

最後，我們要在表 2.1-11 的收盤價 Close 內標註：若收盤價 > 開盤價，則標註紅色三角形；反之則標註綠色倒三角形。在 HTML 語法中，#9650 代表正三角形，#9660 代表倒三角形。因此，我們分別定義如下程式碼：

```
Arrow_down<- "<span style = \"color:green\">&#9660; </span>"
Arrow_up<- "<span style = \"color:red\">&#9650; </span>"

gt_TBL212 = text_transform(gt_TBL211,
            locations = cells_body(
            columns = Close,
```

```
            rows = Close>Open),
            fn = function(x) paste(x, Arrow_up)
              )
```

表 2.1-12 標註了紅色正三角形，因為當天收盤價 > 開盤價；表 2.1-13 標註了綠色倒三角形，因為當天收盤價 < 開盤價。

▶ 表 2.1-12　表格物件 gt_TBL212

| 台股加權指數，週頻率 | | | | | | |
| 2023-04-28 to 2023-07-07 | | | | | | |
Date	Open	High	Low	Close	Volume	Adjusted
2023-04-28	$15,555.10	$15,643.86	$15,284.46	$15,579.18 ▲	14.29M	$15,579.18
2023-05-05	$15,588.68	$15,673.62	$15,523.50	$15,626.07 ▲	10.18M	$15,626.07
2023-05-12	$15,648.54	$15,757.80	$15,424.42	$15,502.36	13.54M	$15,502.36
2023-05-19	$15,489.18	$16,189.81	$15,434.52	$16,174.92 ▲	15.50M	$16,174.92
2023-05-26	$16,168.74	$16,537.79	$16,070.16	$16,505.05 ▲	16.82M	$16,505.05
2023-06-02	$16,610.86	$16,752.20	$16,477.43	$16,706.91 ▲	21.02M	$16,706.91
2023-06-09	$16,714.48	$16,922.48	$16,694.21	$16,886.40 ▲	19.62M	$16,886.40
2023-06-16	$16,899.49	$17,346.32	$16,899.49	$17,288.91 ▲	22.88M	$17,288.91
2023-06-21	$17,274.07	$17,306.81	$17,121.59	$17,202.40	13.19M	$17,202.40
2023-06-30	$17,182.48	$17,182.48	$16,792.34	$16,915.54	18.15M	$16,915.54
2023-07-07	$16,915.54	$17,154.10	$16,593.84	$16,664.21	20.67M	$16,664.21

```
    gt_TBL213 = text_transform(gt_TBL212,
              locations = cells_body(
              columns = Close,
              rows = Close<Open),
```

```
fn = function(x) paste(x, Arrow_down)
)
```

▶▶ 表 2.1-13　表格物件 gt_TBL213

| | | 台股加權指數，週頻率 | | | | |
| | | 2023-04-28 to 2023-07-07 | | | | |
Date	Open	High	Low	Close	Volume	Adjusted
2023-04-28	$15,555.10	$15,643.86	$15,284.46	$15,579.18 ▲	14.29M	$15,579.18
2023-05-05	$15,588.68	$15,673.62	$15,523.50	$15,626.07 ▲	10.18M	$15,626.07
2023-05-12	$15,648.54	$15,757.80	$15,424.42	$15,502.36 ▼	13.54M	$15,502.36
2023-05-19	$15,489.18	$16,189.81	$15,434.52	$16,174.92 ▲	15.50M	$16,174.92
2023-05-26	$16,168.74	$16,537.79	$16,070.16	$16,505.05 ▲	16.82M	$16,505.05
2023-06-02	$16,610.86	$16,752.20	$16,477.43	$16,706.91 ▲	21.02M	$16,706.91
2023-06-09	$16,714.48	$16,922.48	$16,694.21	$16,886.40 ▲	19.62M	$16,886.40
2023-06-16	$16,899.49	$17,346.32	$16,899.49	$17,288.91 ▲	22.88M	$17,288.91
2023-06-21	$17,274.07	$17,306.81	$17,121.59	$17,202.40 ▼	13.19M	$17,202.40
2023-06-30	$17,182.48	$17,182.48	$16,792.34	$16,915.54 ▼	18.15M	$16,915.54
2023-07-07	$16,915.54	$17,154.10	$16,593.84	$16,664.21 ▼	20.67M	$16,664.21

2.1-7　表格特定區塊上色

接下來我們利用表 2.1-7 來舉例說明格子上色的作法，下面的語法將表 2.1-7 的列分組標籤上淺綠色底。

```
gt_TBL214 = tab_options(gt_TBL27, row_group.background.color = "#ACEACE")
```

▶表 2.1-14　表格物件 gt_TBL214：表 2.1-7 上色

新興市場人口

前 15 名，百萬人

Country	Pop
亞洲新興市場	
Indonesia	264.65096
Philippines	105.17292
Thailand	69.20981
Malaysia	31.10465
金磚四國	
China	1421.02179
India	1338.67678
Brazil	207.83382
Russian Federation	145.53008

　　基本上，函數 tab_caption() 發揮主要的美編功能，可以對 gt 表格的邊框線條、內格色彩和字型等項目，更改格式與增加強調功能。有更複雜處理需求的讀者，可以用 ?tab_caption 一看全貌。在 ?tab_caption 說明範

例，就有很多可資自學，或進入 gt 網站的 Reference 連結[4]，可以查詢到所有函數的使用方法。

2.1-8　敘述統計量製表

我們使用本書的附帶資料 CPS1985.csv，這筆數據原是來自套件 AER，但是因為第二列的 ID 有不連續，所以本書將之移除，此處再使用。通用的 summary() 函數呈現出來的資訊不適合敘述統計，如下：

```
dat = read.csv("data/CPS1985.csv")
summary(dat[, c("wage", "education", "experience", "age")])
```

承上，我們需要的敘述統計不是 summary() 這個函數的內容；可使用套件 fBasics 內的函數 basicStats()，如下：

```
fBasics::basicStats(dat[, c("wage", "education", "experience", "age")])
```

上面的顯示是所有的統計摘要資訊，表格化往往只需要少量幾個，如 Mean、Median、Stdev、Skewness、Max、Min 和 Kurtosis，承上：

```
var.names = c("wage", "education", "experience", "age")
stat.names = c("Mean", "Median", "Stdev", "Max", "Min",
"Skewness", "Kurtosis")
summary(dat[, var.names])

tbl.stat = format(fBasics::basicStats(dat[, var.names])[stat.names, ],
digits = 2)
tbl.stat = data.frame(stat = stat.names, tbl.stat)
rownames(tbl.stat) = NULL
gt_TBL215 = tab_header(gt(tbl.stat), title = " 敘述統計做表 ")
```

---

[4]　https://gt.rstudio.com/reference/opt_footnote_marks.html.

▶表 2.1-15　表格物件 gt_TBL215

敘述統計做表

stat	wage	education	experience	age
Mean	9.0	13.03	17.78	36.80
Median	7.8	12.00	15.00	35.00
Stdev	5.1	2.61	12.35	11.70
Max	44.5	18.00	55.00	64.00
Min	1.0	2.00	0.00	18.00
Skewness	1.7	-0.21	0.69	0.55
Kurtosis	4.9	0.83	-0.38	-0.58

或者直接將 tbl.stat 儲存成 .csv，如下：

write.csv(tbl.stat, file = " 指定路徑 ")

2.1-9　統計分析結果製表

另外一個表格來源是統計估計的估計結果，例如：迴歸估計。summary(output) 是所有的估計結果，且估計結果以科學記號呈現 p 值。

```
output = lm(wage ~ education + experience, data = dat)
```

估計結果如下：

```
>summary(output)
```

Call:
lm(formula = wage ~ education + experience, data = dat)

Residuals:
```
  Min    1Q     Median   3Q     Max
-8.353  -2.852  -0.590   1.989  36.344
```

Coefficients:
```
              Estimate Std.   Error t      value Pr(>|t|)
(Intercept)  -4.88528        1.21999    -4.004 7.11e-05 ***
education     0.92393        0.08151    11.335<2e-16 ***
experience    0.10585        0.01724    6.138 1.64e-09 ***
---
```
Signif. codes: 0 '***' 0.001 '**' 0.01 '*' 0.05 '.' 0.1 ' ' 1

Residual standard error: 4.602 on 530 degrees of freedom
Multiple R-squared: 0.2017,   Adjusted R-squared: 0.1987
F-statistic: 66.95 on 2 and 530 DF, p-value:<2.2e-16

以上的結果不適宜出現在專業的報告內，我們往往只需要係數表和幾個模型配適統計量 (goodness-of-fit statistics)。

如果需要美化，可以使用這個套件函數 paper::prettify，然後用輸出 gt 表格。套件函數 paper::prettify 有兩種處理方式：

第 1 種就是直接處理 summary(output)。

```
table1 = papeR::prettify(summary(output),
```

```
signif.stars = FALSE,
digits = 4)
```

>papeR::prettify(summary(output), signif.stars = FALSE, digits = 4)

	Estimate	CI (lower)	CI (upper)	Std. Error	t value	Pr(>|t|)
1 (Intercept)	-4.885	-7.282	-2.489	1.220	-4.004	<0.001
2 education	0.9239	0.7638	1.084	0.08151	11.33	<0.001
3 experience	0.1058	0.07197	0.1397	0.01724	6.138	<0.001

這樣的結果有係數信賴區間的欄位：CI (lower) 和 CI (upper)。

第 2 種是直接處理係數矩陣 coef(summary(output))，因為 papeR::prettify 這個函數不直接處理矩陣，只能處理 data.frame，所以要增加 as.data.frame() 處理。

```
table2 = papeR::prettify(as.data.frame(coef(summary(output))),
                         signif.stars = FALSE,
                         digits = 4)
```

>papeR::prettify(as.data.frame(coef(summary(output))),
                 signif.stars = FALSE,
                 digits = 4)

	Estimate Std.	Error t value	Pr(>|t|)
1 (Intercept)	-4.885	1.220	-4.004<0.001
2 education	0.9239	0.08151	11.33<0.001
3 experience	0.1058	0.01724	6.138<0.001

我們會發現上述處理，都會有列名稱：最左邊會有 1、2、3。要產生專業表格，還是要用 gt：

```
gt_TBL216 = tab_header(gt(table2), title = "' 迴歸結果表 ")
```

▶表 2.1-16　表格物件 gt_TBL216

迴歸結果表

	Estimate	Std. Error	t value	Pr(>|t|)
(Intercept)	-4.885	1.220	-4.004	< 0.001
education	0.9239	0.08151	11.33	< 0.001
experience	0.1058	0.01724	6.138	< 0.001

另外，table1 包括估計係數的信賴區間，table2 則沒有信賴區間。其實，tabl1[, -c(3, 4)] 和 table2 完全一樣。

本章最後改成 gt 表格，並利用 tab_source_note() 將表 2.1-16 的表底插入空列，置放 R^2 統計量。透過 names(summary(output)) 檢索物件，得知 summary(output)$r.squared 就是 R^2。

```
gt_TBL217 = tab_source_note(gt_TBL216,
                source_note = html("R<sup>2</sup> = ",
                round(summary(output)$r.squared, 3))
                )
```

▶ 表 2.1-17　表格物件 gt_TBL217

<table>
<tr><th colspan="5" align="center">迴歸結果表</th></tr>
<tr><th></th><th>Estimate</th><th>Std. Error</th><th>t value</th><th>Pr(>|t|)</th></tr>
<tr><td>(Intercept)</td><td>-4.885</td><td>1.220</td><td>-4.004</td><td>< 0.001</td></tr>
<tr><td>education</td><td>0.9239</td><td>0.08151</td><td>11.33</td><td>< 0.001</td></tr>
<tr><td>experience</td><td>0.1058</td><td>0.01724</td><td>6.138</td><td>< 0.001</td></tr>
<tr><td colspan="5">R^2 = 0.202</td></tr>
</table>

如果在統計估計結果的製表中，需要以星號標註統計顯著性，可以修改程式中函數 prettify() 內的宣告，使用 signif.stars = TRUE。

在 gt 結尾的練習作業，讀者請承上面程式碼，在 R^2 下方置放 F 統計量添加統計顯著性，也就是 F = 66.95(0.000)。

2.2　色彩與符號的資源

本章節在美化表格使用的特殊符號和色彩，可以由幾個來源獲得資訊。

2.2-1　特殊符號

如表 2.1-12 內的 HTML 特殊符號，可以由以下網址獲得：https://www.w3schools.com/charsets/ref_utf_geometric.asp。

可透過 Google 搜尋 "UTF-8 Geometric Shapes"，然後連結有 w3schools 的，就可以找到如圖 2.2-1。

Char	Dec	Hex	Entity	Name
■	9632	25A0		BLACK SQUARE
□	9633	25A1		WHITE SQUARE
▢	9634	25A2		WHITE SQUARE WITH ROUNDED CORNERS
▣	9635	25A3		WHITE SQUARE CONTAINING BLACK SMALL SQUARE
▤	9636	25A4		SQUARE WITH HORIZONTAL FILL
▥	9637	25A5		SQUARE WITH VERTICAL FILL
▦	9638	25A6		SQUARE WITH ORTHOGONAL CROSSHATCH FILL
▧	9639	25A7		SQUARE WITH UPPER LEFT TO LOWER RIGHT FILL
▨	9640	25A8		SQUARE WITH UPPER RIGHT TO LOWER LEFT FILL
▩	9641	25A9		SQUARE WITH DIAGONAL CROSSHATCH FILL
▪	9642	25AA		BLACK SMALL SQUARE
▫	9643	25AB		WHITE SMALL SQUARE

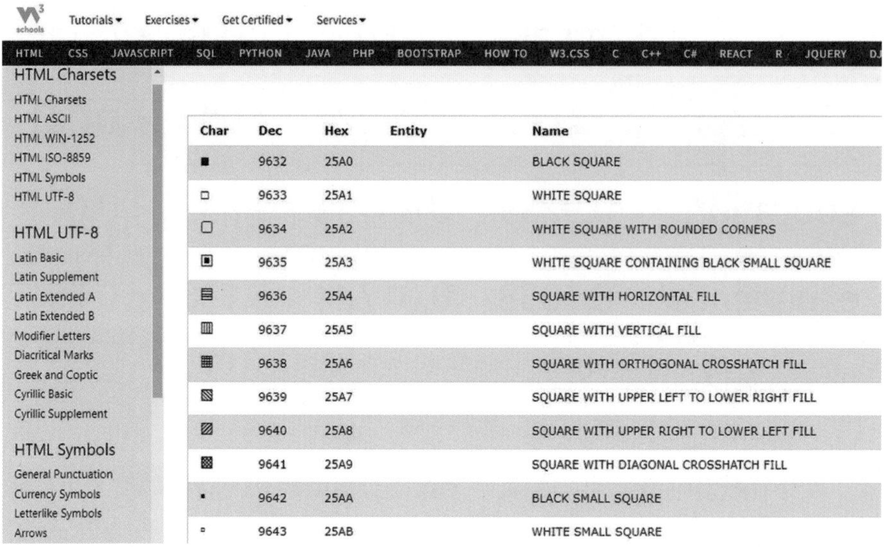

圖 2.2-1

2.2-2 色彩置換

可以透過套件 gt 內的 info_paletteer 查詢顏色的標籤。在 R console 執行：

```
?gt::info_paletteer
```

查詢提供色板 (palettes) 的套件，如圖 2.2-2：

- **awtools**, 5 palettes
- **dichromat**, 17 palettes
- **dutchmasters**, 6 palettes
- **ggpomological**, 2 palettes
- **ggsci**, 42 palettes
- **ggthemes**, 31 palettes
- **ghibli**, 27 palettes
- **grDevices**, 1 palette
- **jcolors**, 13 palettes
- **LaCroixColoR**, 21 palettes
- **NineteenEightyR**, 12 palettes

- **nord**, 16 palettes
- **ochRe**, 16 palettes
- **palettetown**, 389 palettes
- **pals**, 8 palettes
- **Polychrome**, 7 palettes
- **quickpalette**, 17 palettes
- **rcartocolor**, 34 palettes
- **RColorBrewer**, 35 palettes
- **Redmonder**, 41 palettes
- **wesanderson**, 19 palettes
- **yarrr**, 21 palettes

▶圖 2.2-2　色板查詢，執行「?gt::info_paletteer」

　　圖 2-2.2 指出 ggthemes 有 31 個提供色板 (palettes) 的物件，進一步查詢其內容，可在 R console 執行。

　　　　gt::info_paletteer(color_pkgs = "ggthemes")

　　如圖 2.2-3：

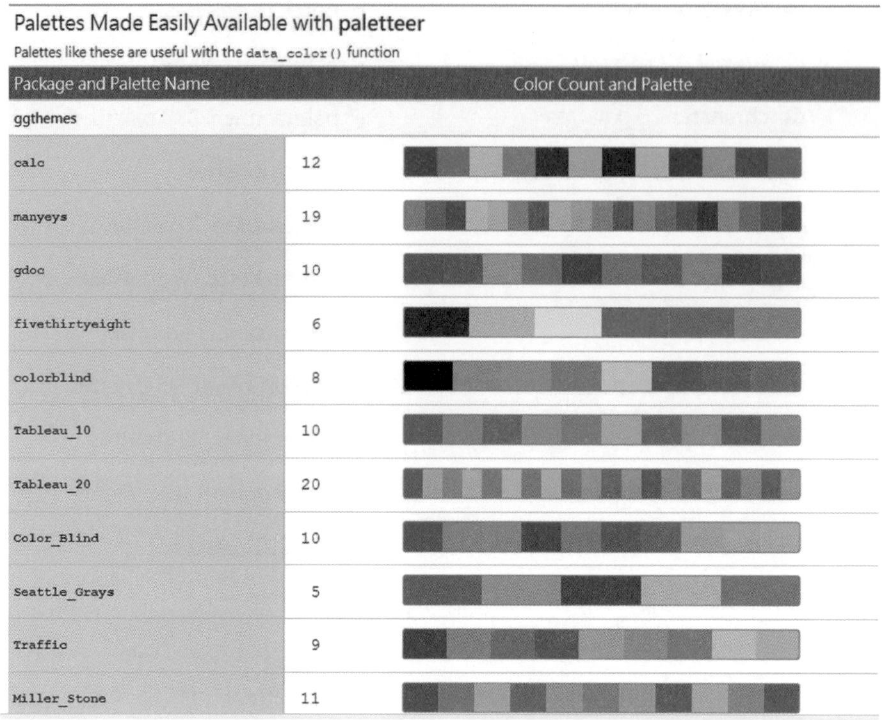

Palettes Made Easily Available with **paletteer**
Palettes like these are useful with the `data_color()` function

Package and Palette Name		Color Count and Palette
ggthemes		
calc	12	
manyeys	19	
gdoc	10	
fivethirtyeight	6	
colorblind	8	
Tableau_10	10	
Tableau_20	20	
Color_Blind	10	
Seattle_Grays	5	
Traffic	9	
Miller_Stone	11	

▶圖 2.2-3　查詢 gt::info_paletteer(color_pkgs = "ggthemes")

接下來要查詢顏色代號，以圖 2.2-3 為例，ggthemes 內有一個物件 calc，有 12 個顏色，查詢代號可以使用：

　　paletteer::paletteer_d("ggthemes::calc")

```
> paletteer::paletteer_d("ggthemes::calc")
<colors>
#004586FF  #FF420EFF  #FFD320FF  #579D1CFF  #7E0021FF  #83CAFFFF
#314004FF  #AECF00FF  #4B1F6FFF  #FF950EFF  #C5000BFF  #0084D1FF
```

▶圖 2.2-4　查詢 paletteer::paletteer_d("ggthemes::calc")

找到自己喜歡的色彩與代碼，就可以用來填入表格內指定的項目：字型、符號、格子背景填滿等等。

2.3 套件 kableExtra 的表格製作

我們以前面表 2.1-8 使用的實質 GDP 資料 macro.csv。

2.3-1 呈現簡單的 kable 表：kbl() 和 kable_styling()

整理過的資料物件為 macro_TBL。接下來，kbl() 內建產生的表格是 HTML Table，基本上和 LaTex Table 通用，LaTex Table 獨有的表格特色在 kableExtra 官網可以查到。

```
library(kableExtra)
kbl_TBL218.tmp = kbl(head(macro_TBL, 8), caption = " 實質 GDP")
kbl_TBL218 = kable_styling(kbl_TBL218.tmp,
latex_options = "striped", # 列格底色灰白間錯
full_width = F)
kbl_TBL218
```

表格物件儲存使用函數 save_kable()：

```
save_kable(kbl_TBL218, path = "…/2-18.png")
```

如果需要指定灰白間錯是區塊特定的幾列，可以這樣使用 kable_styling：

```
kable_styling(kbl_TBL218.tmp,
                latex_options = "striped",
                stripe_index = c(1, 2, 5:6),
                full_width = F)
```

在 latex_options 內，除了可宣告 "striped"，還可以宣告 "scale_down" 來解決表格太寬的問題。

表 2.3.1 的邏輯和 gt 一樣，先產生 kable() LaTex Table 物件，再用 kable_styling 美化，程式內有幾項需要說明和注意的：

1. 宣告 caption = "" 會產生文字，如果需要對表格說明，在裡面打字即可，例如：caption = " 實質 GDP"。

2. kable_styling 內的 latex_options = "striped" 會在表格列產生間錯的灰底，如果需要全白，將這個功能去除即可。在此，可以宣告字型大小，例如：font_size = 10。更多的功能，請在 R Console 用 ?kable_styling 查詢。不過很多功能是在 Markdown 內圖文合一時才有用，例如，position = "center" 將表置中，我們如果只是產生圖檔，這類功能就用不上。本書第二部分介紹使用 Markdown 的圖文合一，會再回到這個議題。

3. full_width = F 如果宣告 TRUE，表格會左右展開，與頁面同寬。

▶表 2.3-1　表格物件 kbl_TBL218

實質GDP

Country	rgdpe	rgdpo	cgdpe	cgdpo
Argentina	1026128.1	1022513.25	1026128.1	1022513.25
Bulgaria	146484.2	139064.67	146484.2	139064.67
Brazil	2970570.8	2968825.50	2970570.8	2968825.50
Chile	428811.7	422309.03	428811.7	422309.03
China	19501140.0	19687162.00	19501140.0	19687162.00
Colombia	650044.0	656700.56	650044.0	656700.56
Costa Rica	93173.3	89731.84	93173.3	89731.84
Dominican Republic	170901.5	174065.56	170901.5	174065.56

2.3-2　在表底添加註釋與索引：footnote()

在表底添加兩個註釋，可以使用函數 footnote，而比 gt 簡單，可以一次就輸入兩條：

```
kbl_TBL219<-
    macro_TBL |>
    head(10) |>
    kbl(caption = " 實質 GDP") |>
    kable_styling(latex_options = "striped", full_width = F) |>
```

▶表 2.3-2　表格物件 kbl_TBL219

實質GDP

Country	rgdpe	rgdpo	cgdpe	cgdpo
Argentina	1026128.1	1022513.25	1026128.1	1022513.25
Bulgaria	146484.2	139064.67	146484.2	139064.67
Brazil	2970570.8	2968825.50	2970570.8	2968825.50
Chile	428811.7	422309.03	428811.7	422309.03
China	19501140.0	19687162.00	19501140.0	19687162.00
Colombia	650044.0	656700.56	650044.0	656700.56
Costa Rica	93173.3	89731.84	93173.3	89731.84
Dominican Republic	170901.5	174065.56	170901.5	174065.56
Ecuador	191677.7	191572.67	191677.7	191572.67
Croatia	106672.8	106076.00	106672.8	106076.00

Source: 資料取自 R 套件 pwt10.
Reference: Penn World Table, 10.01.

footnote(general_title = "", escape = TRUE,
c("Source: 資料取自 R 套件 pwt10.",
"Reference: Penn World Table, 10.01."))

另外，是對格子資訊標註，下表 2.3-3 對第一個變數做上標 *；對 China 做上標 a，然後製 kable 表，再用 footnote 說明。

```
kbl_TBL220<-
kbl_TBL220.tmp |>
  kbl(align = "r", escape = F, caption = "") |>
    footnote(
```

▶表 2.3-3 表格物件 kbl_TBL220

Country	rgdpe*	rgdpo	cgdpe	cgdpo
Argentina	1026128.1	1022513.25	1026128.1	1022513.25
Bulgaria	146484.2	139064.67	146484.2	139064.67
Brazil	2970570.8	2968825.50	2970570.8	2968825.50
Chile	428811.7	422309.03	428811.7	422309.03
China[a]	19501140.0	19687162.00	19501140.0	19687162.00
Colombia	650044.0	656700.56	650044.0	656700.56
Costa Rica	93173.3	89731.84	93173.3	89731.84
Dominican Republic	170901.5	174065.56	170901.5	174065.56
Ecuador	191677.7	191572.67	191677.7	191572.67
Croatia	106672.8	106076.00	106672.8	106076.00

[a] 中國大陸

[*] Expenditure-side real GDP at chained PPPs (in million 2017 USD)

```
        symbol = "Expenditure-side real GDP at chained PPPs (million USD)",
            alphabet = " 中國大陸 ")  |>
    kable_styling(full_width = F)
```

以上兩個表格，將表底資訊分成兩塊，讀者若有興趣，可以試試看如
何將兩種註腳合併。

表 2.1-17 下方的 R^2 只能用 HTML 呈現，對於習慣 LaTex 數字美感的
人會不太喜歡，套件 kableExtra 可以保持 LaTex 格式，如表 2.3-4。

```
dat = read.csv("data/CPS1985.csv")
output = lm(wage ~ education + experience, data = dat)
Fstat = round(summary(output)$fstatistic[1], 3)
table1 = papeR::prettify(summary(output), signif.stars = FALSE, digits = 4)


kbl_TBL220<-
    table1 |>
        kable(align = "r", caption = ' 迴歸結果表 ') |>
            footnote(general_title = "", escape = TRUE,
        paste0("$F Stat$ = ", Fstat)) |>
```

▶▶表 2.3-4　表格物件 kbl_TBL221

迴歸結果表

	Estimate	CI (lower)	CI (upper)	Std. Error	t value	Pr(>|t|)
(Intercept)	-4.885	-7.282	-2.489	1.220	-4.004	< 0.001
education	0.9239	0.7638	1.084	0.08151	11.33	< 0.001
experience	0.1058	0.07197	0.1397	0.01724	6.138	< 0.001

R^2=0.202

$FStat$=66.948

```
footnote(general_title = "", escape = TRUE,
    paste0("$R^2$ = ", round(summary(output)$r.squared, 3))) |>
    kable_styling(full_width = F)
```

　　表 2.3-4 的表底添加了兩個線性模型常用的配適統計量，請自我練習將 F 統計量的 P value 黏貼於統計量之後，也就是如表 2.3-5 的 66.948(pValue<0.000)。

▶▶表 2.3-5　表格物件 kbl_TBL222

迴歸結果表

	Estimate	CI (lower)	CI (upper)	Std. Error	t value	Pr(>|t|)
(Intercept)	-4.885	-7.282	-2.489	1.220	-4.004	< 0.001
education	0.9239	0.7638	1.084	0.08151	11.33	< 0.001
experience	0.1058	0.07197	0.1397	0.01724	6.138	< 0.001

R^2=0.202
$FStat$=66.948 (pValue<0.000)

2.3-3　在指定列上色和字體加粗 row_spec()

　　在 kable 套件的 kbl 表格物件中，要上一列的色，可以用：

```
row_spec(1, color = "red")
```

　　意指在第一列的文字，顯示紅色 (color = "red")，如下使用 mtcars 前五列資料。

```
Table223<- mtcars[1:5, ]
```

```
Table223 |>
kbl("html") |>
kable_styling("striped", full_width = F) |>
row_spec(1, color = "red") |>
row_spec(bold = TRUE, row = 0:nrow(Table223))
```

▶表 2.3-6　表格物件 kbl_TBL223

	mpg	cyl	disp	hp	drat	wt	qsec	vs	am	gear	carb
Mazda RX4	21.0	6	160	110	3.90	2.620	16.46	0	1	4	4
Mazda RX4 Wag	21.0	6	160	110	3.90	2.875	17.02	0	1	4	4
Datsun 710	22.8	4	108	93	3.85	2.320	18.61	1	1	4	1
Hornet 4 Drive	21.4	6	258	110	3.08	3.215	19.44	1	0	3	1
Hornet Sportabout	18.7	8	360	175	3.15	3.440	17.02	0	0	3	2

如果要第 1 列紅色、第 3 列藍色，可以用兩次，如下：

```
Table223 |>
kbl("html") |>
     kable_styling("striped", full_width = F) |>
     row_spec(1, color = "red") |>
     row_spec(3, color = "blue") |>
     row_spec(bold = TRUE, row = 0:nrow(Table223))
```

2.3-4　變數欄位分群：add_header_above()

類似表 2.1-8 的將欄位變數分群，關鍵是使用函數：

```
add_header_above(c(" ", "Group 1" = 2, "Group 2[note]" = 4))
```

因為第 1 欄是汽車名稱，也是 rownames，所以，上方為空的，故用 "" , 。

| "Group 1" = 2 | 定義 Group 1 是資料表前 2 個變數。 |
| "Group 2[note]" = 4 | 定義 Group 2 是資料表剩下 4 個變數，且插入註腳。 |

利用 mtcars 的數據，如以下程式：

dt<- mtcars[1:5, 1:6]

```
dt |>
kbl(booktabs = T, caption = "") |>
    kable_styling(bootstrap_options = "striped", full_width = F) |>
    add_header_above(c(" ", "Group 1" = 2, "Group 2[note]" = 4)) |>
    footnote(c(" 本表使用 R 內建數據檔 mtcars"))
```

表 2.3-7(A) 的 Group 置中，要調整標籤，可以添加 align =，如下：

▶表 2.3-7　表格物件 kbl_TBL224

(A)

	Group 1		Group 2[note]			
	mpg	cyl	disp	hp	drat	wt
Mazda RX4	21.0	6	160	110	3.90	2.620
Mazda RX4 Wag	21.0	6	160	110	3.90	2.875
Datsun 710	22.8	4	108	93	3.85	2.320
Hornet 4 Drive	21.4	6	258	110	3.08	3.215
Hornet Sportabout	18.7	8	360	175	3.15	3.440

Note:

本表使用R內建數據檔 mtcars

(B)

	Group 1		Group 2[note]			
	mpg	cyl	disp	hp	drat	wt
Mazda RX4	21.0	6	160	110	3.90	2.620
Mazda RX4 Wag	21.0	6	160	110	3.90	2.875
Datsun 710	22.8	4	108	93	3.85	2.320
Hornet 4 Drive	21.4	6	258	110	3.08	3.215
Hornet Sportabout	18.7	8	360	175	3.15	3.440

Note:

本表使用R內建數據檔 mtcars

```
add_header_above(
        c("", "Group 1" = 2, "Group 2[note]" = 4),
        align = 'l'
        )
```

結果如表 2.3-7(B)：Group 2 左靠 (align = 'l') 和 disp 對齊。

2.3-5 欄位特徵：column_spec()

我們先製作一個虛擬的雙欄 data.frame：

```
Table225<- data.frame(Items = c("Item 1", "Item 2", "Item 3"),
                Features = c(" 這是 Item 1 的文字 ",
                        " 這是 Item 2 的文字 ",
                        " 這是 Item 3 的文字 "))
```

然後利用之前的方式，宣告兩欄的特徵：

```
kbl(Table225) |>
    kable_styling(full_width = F) |>
    column_spec(1, bold = T, color = "red") |>
    column_spec(2, width = "30em")  |>
    save_kable("images/Tables/2-25.png")
```

如表 2.3-8，第 2 欄很寬，因為 column_spec(2, width = "30em")。

▶ 表 2.3-8　表格物件 kbl_TBL225

Items	Features
Item 1	這是Item 1的文字
Item 2	這是Item 2的文字
Item 3	這是Item 3的文字

```
that_cell<- c(rep(F, 7), T)
mtcars[sample(seq(nrow(mtcars)), 8), 1:8] |>
   kbl(booktabs = T, linesep = "")  |>
   kable_paper(full_width = F)  |>
   column_spec(2, color = spec_color(mtcars$mpg[1:8]),
               link = "https://haozhu233.github.io/kableExtra")  |>
   column_spec(6, color = "white",
               background = spec_color(mtcars$drat[1:8], end = 0.7),
               popover = paste("am:", mtcars$am[1:8]))  |>
   column_spec(8, strikeout = that_cell, bold = that_cell,
               color = c(rep("black", 7), "red"))
```

以上程式，隨機取出 8 列，變數取前 8 欄，連續使用 3 次 column_spec()，結果如表 2.3-9：

▶ 表 2.3-9　表格物件 kbl_TBL226

	mpg	cyl	disp	hp	drat	wt	qsec	vs
Merc 450SL	17.3	8	275.8	180	3.07	3.730	17.60	0
Maserati Bora	15.0	8	301.0	335	3.54	3.570	14.60	0
Porsche 914-2	26.0	4	120.3	91	4.43	2.140	16.70	0
Merc 230	22.8	4	140.8	95	3.92	3.150	22.90	1
Dodge Challenger	15.5	8	318.0	150	2.76	3.520	16.87	0
Chrysler Imperial	14.7	8	440.0	230	3.23	5.345	17.42	0
Lotus Europa	30.4	4	95.1	113	3.77	1.513	16.90	1
Toyota Corona	21.5	4	120.1	97	3.70	2.465	~~20.01~~	1

接下來我們解說三個 column_spec() 的特徵：

```
column_spec(2, color = spec_color(mtcars$mpg[1:8]),
        link = "https://haozhu233.github.io/kableExtra")
```

這行程式是在 mpg 那一欄（第 2 欄），建立數字色彩與嵌入超連結。

```
column_spec(6, color = "white",
        background = spec_color(mtcars$drat[1:8], end = 0.7))
```

這行程式是在 drat 那一欄（第 6 欄），填滿色彩。spec_color() 內的 end = 0.7，end 是介於 [0, 1] 間的小數，把前面的色彩給予淡化程度。舉例而言，如果 end = 1，等於是：

spec_color(mtcars$drat[1:8], end = 1) = spec_color(mtcars$drat[1:8])

column_spec(8, strikeout = that_cell, bold = that_cell,
color = c(rep("black", 7), "red"))

這行程式是對 qsec 那欄 (第 8 欄) 的最後一個數字 20.22，給予一個刪除線 (strikeout) 符號，相當於 Word 的 abc。

2.3-6　column_spec 和 row_spec 的進階功能

column_spec 還可以插入圖形，column_spec(2, image = "") 如果需要客製化圖片，可以在 image 使用 spec_image 的參數，例如：

column_spec(2, image = spec_image())

不過，在 kableExtra 表格物件內插入圖片的功能，筆者操作不是很成功，這類功能，如果使用 gt HTML Table 幾乎百分之百會成功。讀者若有需要這種功能，必須審慎選擇表格套件工具。

2.3-7　表格插入統計圖

接下來就是表 2.3-10 這樣的圖形。

▶表 2.3-10　表格物件 kbl_TBL227

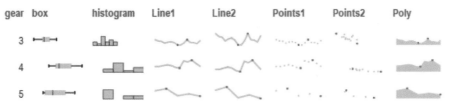

gear	box	histogram	Line1	Line2	Points1	Points2	Poly
3							
4							
5							

以下三行指令，是建立資料。

split(mtcars$mpg, mtcars$gear) 將 mtcars$mpg 依照 mtcars$gear 分類
split(mtcars$disp, mtcars$gear) 將 mtcars$ disp 依照 mtcars$gear 分類
Table227 是一個 data.frame：除了第一欄，其餘都是空的

```
mpg_list<- split(mtcars$mpg, mtcars$gear)
disp_list<- split(mtcars$disp, mtcars$gear)
Table227<- data.frame(gear = sort(unique(mtcars$gear)),
                      box = "",
                      histogram = "",
                      Line1 = "",
                      Line2 = "",
                      Points1 = "",
                      Points2 = "",
                      Poly = "")
```

```
Table227  |>
  kbl(booktabs = TRUE) |>
  kable_paper(full_width = FALSE)  |>
  column_spec(2, image = spec_boxplot(mpg_list))  |>
  column_spec(3, image = spec_hist(mpg_list))  |>
  column_spec(4, image = spec_plot(mpg_list, same_lim = TRUE))  |>
  column_spec(5, image = spec_plot(mpg_list, same_lim = FALSE))  |>
```

```
column_spec(6, image = spec_plot(mpg_list, type = "p")) |>
column_spec(7, image = spec_plot(mpg_list, disp_list, type = "p")) |>
column_spec(8, image = spec_plot(mpg_list, polymin = 5)) |>
```

以上可以對應表 2.3-10 了解 spec_plot 設定的格式。需要特別說明的是
spec_plot 內的 same_lim = TRUE/FALSE。

依照表 2.3-10，第 1 欄 gear 有三列：3、4、5。

same_lim = FALSE 是說繪圖時，依照個別間距 (range)：取出自己的
極大值和極小值。
same_lim＝TRUE則是共用一個間距：從所有數據取出極大值和極小值。

兩者差別在於相對視覺化的效果。

2.3-8　顯示表格區塊

我們可以選擇強烈對照顯示表格區塊，如表 2.3-11 最後 3 列的黑底白
字。

▶ 表 2.3-11 表格物件 kbl_TBL228

	mpg	cyl	disp	hp	drat	wt
Datsun 710	22.8	4	108.0	93	3.85	**2.320**
Maserati Bora	15.0	8	301.0	335	3.54	**3.570**
Mazda RX4 Wag	21.0	6	160.0	110	3.90	2.875
Honda Civic	30.4	4	75.7	52	4.93	1.615
Cadillac Fleetwood	10.4	8	472.0	205	2.93	5.250

```
Table228<- mtcars[sample(seq(nrow(mtcars)), 5), 1:6]
kbl(Table228, booktabs = T)  |>
    kable_styling("striped", full_width = F)  |>
    column_spec(7, border_left = T, bold = T)  |>
    row_spec(3:5, bold = T, color = "white", background = "black")
```

2.3-9　變數欄名稱旋轉

如表 2.3-12：

▶表 2.3-12　表格物件 kbl_TBL229

	mpg	cyl	disp	hp	drat	wt
Duster 360	14.3	8	360.0	245	3.21	3.570
Merc 230	22.8	4	140.8	95	3.92	3.150
Ford Pantera L	15.8	8	351.0	264	4.22	3.170
Lotus Europa	30.4	4	95.1	113	3.77	1.513
Chrysler Imperial	14.7	8	440.0	230	3.23	5.345

```
Table229<- mtcars[sample(seq(nrow(mtcars)), 5), 1:6]
kbl(Table229, booktabs = T, align = "c")  |>
    kable_styling("striped", full_width = F)  |>
    row_spec(0, angle = 45)
```

2.3-10　多個行列合併：add_header_above 和 pack_rows

最後，我們來看行列合併的作法，如表 2.3-13，因為要呈現多個區塊，所以小標就任意建立，主要是介紹如何產生標籤：

▶表 2.3-13　表格物件 kbl_TBL230

合併與分類

	綜合					
	型 1				型 2	
	特徵 1		特徵 2		特徵 3	
	mpg	cyl	disp	hp	drat	wt
Cadillac Fleetwood	10.4	8	472.0	205	2.93	5.25
Ford Pantera L	15.8	8	351.0	264	4.22	3.17
Volvo 142E	21.4	4	121.0	109	4.11	2.78
價位 A						
Merc 450SL	17.3	8	275.8	180	3.07	3.73
Merc 450SLC	15.2	8	275.8	180	3.07	3.78
Maserati Bora	15.0	8	301.0	335	3.54	3.57
Merc 230	22.8	4	140.8	95	3.92	3.15
價位 B						
Camaro Z28	13.3	8	350.0	245	3.73	3.84
Mazda RX4	21.0	6	160.0	110	3.90	2.62
Ferrari Dino	19.7	6	145.0	175	3.62	2.77

　　表 2.3-13 是由以下程式碼產生，價位 A 和價位 B 是由 pack_rows() 產生，此表刻意跳過前三型汽車，把第 4 輛到第 7 輛歸成一類，第 8 輛到第 10 輛歸成一類。因為用 **sample(seq(nrow(mtcars)), 10)** 隨機抽取 10 輛車，所以分組標籤不具備意義，只有學習目的。

```
kbl(mtcars[sample(seq(nrow(mtcars)), 10), 1:6],
                    caption = " 合併與分類 ", booktabs = T) |>
kable_styling(full_width = F) |>
    add_header_above(c(" ",
            " 特徵組 1" = 2,
            " 特徵組 2" = 2,
            " 特徵組 3" = 2)) |>
    add_header_above(c(" ", " 型 1" = 4, " 型 2" = 2)) |>
    add_header_above(c(" ", " 綜合 " = 6), bold = T, italic = T) |>
    pack_rows(" 價位 A", 4, 7) |>
    pack_rows(" 價位 B", 8, 10)
```

第 3 章

製作傳遞統計資訊的圖

　　R 生態系的繪圖可以分成三大類：第一類是基於 Base R 的繪圖套件，第二類是 lattice 的多向式 (multi-way) 繪圖，第三類是著名的 ggplot2。本章簡介這三類的特點。

3.1　資料的統計性質

　　我們採用 vehicles.csv 的汽車數據，大約有 140 名製造商，4 萬多輛車。在程式上，我們先依製造商計算「油耗 = 每加侖哩程 (mpg, miles per gallon)」，分成都市和高速公路兩筆資料。

```
dat0 = read.csv("data/vehicles.csv")
dat1 = aggregate(dat0$city, by = list(dat0$manufacturer), mean)
dat2 = aggregate(dat0$highway, by = list(dat0$manufacturer), mean)
colnames(dat1) = c("make", "city")
colnames(dat2) = c("make", "highway")
```

　　然後，我們定義一筆資料 x = dat1[,2]。當有了一筆資料，其統計性質是我們需要知道的。基本的就是分配圖：histogram 和 kernel density 兩類。繪製四張圖於一頁，如下：

```
par(mfrow = c(2, 2))
hist(x, freq = FALSE, main = " 油耗 x 的直方圖, hist(x)")

hist(log(x), freq = FALSE, main = "log(x) 的直方圖, hist(log(x))",
ylim = c(0, 1.6))
```

```
lines(density(log(x)), col = 4)

plot(density(log(x)), main = " log(x) 的機率密度圖, density(log(x))")

qqnorm(log(x), main = "log(x) 的 QQ 常態圖, qqnorm(log(x))")
qqline(log(x))
par(mfrow = c(1, 1))
```

上面所畫的四張圖，都顯示在下圖 3.1-1。

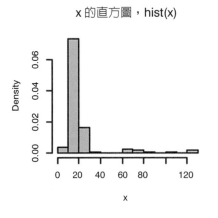
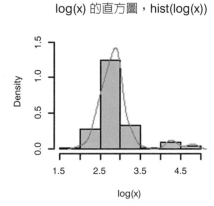
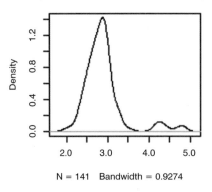
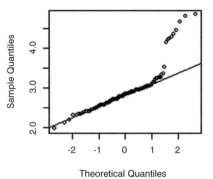

▶▶ 圖 3.1-1　油耗的統計性質

接下來，我們第 2 章用過的資料 CPS1985.csv，內有許多字串 (string) 資料，例如，欄位職業：「"occupation"」。清理如下：

dat1 = read.csv("data/CPS1985.csv", stringsAsFactors = TRUE)
tab = table(dat1[, "occupation"]) 將 dat1[, "occupation"] 分職業別計數
prop.table(tab) 計算相對比例

>prop.table(tab)

management	office	sales	services	technical	worker
0.103	0.182	0.071	0.156	0.197	0.291

這類資料可以用以下視覺方法處理，如圖 3.1-2：

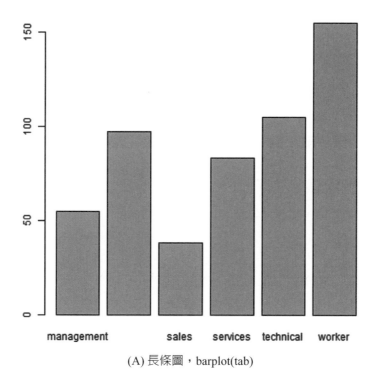

(A) 長條圖，barplot(tab)

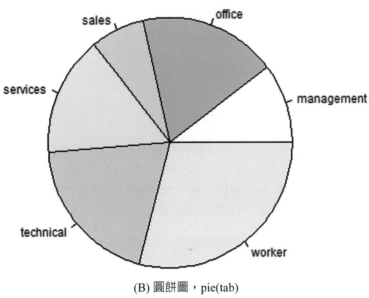

(B) 圓餅圖，pie(tab)

▶▶圖 3.1-2

　　從圖 3.1-2(A)，我們發現職業項 2 之 "technical" 和職業項 6 之 "management" 兩個英文字太長，導致旁邊的 office 無法顯示；為解決這問題，可以改變字串名稱為 "techn" 和 "mgmt"：

　　　　levels(dat1$occupation)[c(1, 5)] = c("mgmt", "techn")

　　然後重新畫一次圖，如圖 3.1-3 的顯示就很好了。

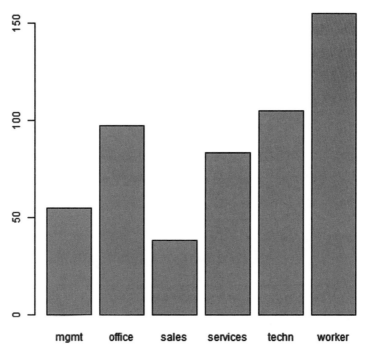

》圖 3.1-3

R 的 barplot 有不錯的功能,如表 3.1-1 的資料往往很簡單,透過 barplot 可以做到視覺化對比,增加可讀性。

》表 3.1-1

年化值	投資組合 A	投資組合 B	投資組合 C	投資組合 D
夏普	1.374	1.264	0.300	-0.577
毛報酬	0.406	0.373	0.044	-0.075
淨報酬	0.354	0.333	0.044	-0.087
最大損失	-0.250	-0.221	-0.216	-0.282

先讀取資料：

```
DF = read.csv("data/barChart.csv")
colnames(DF) = c(" 年化值 ", paste0(" 投資組合 ", LETTERS[1:4]))
DF[, -1] = round(DF[, -1], 3)
DF[, 1] = c(" 夏普 ", " 毛報酬 ", " 淨報酬 ", " 最大損失 ")
colors = c("#E41A1C", "#377EB8", "green", "#4DAF4A")
```

圖 3.1-4 語法一樣，差別在於 (A)、(B) 的輸出頁面不同。繪製語法如下：

```
barplot(as.matrix(DF[, -1]), beside = TRUE,
        legend.text = c("夏普", "毛報酬", "淨報酬", "最大損失"),
        args.legend = list(bty = "n", horiz = TRUE),
        col = colors,
        border = "white", names.arg = NULL,
        ylim = c(min(DF[, -1])-0.1, max(DF[, -1])*1.25),
        xlab = " 年化績效比較 ", ylab = " 年化值 ", main = NULL)
```

上面產生 barplot 的基本圖框，如果要在長條頂端標註數字，我們先定義長條頂端的數字為 bar.numbers：

```
bar.numbers<- as.matrix(DF[, -1])
```

再用 text() 定位顯示位置為比 bar.numbers 多 0.02[1]：

```
text(x, bar.numbers + 0.02, labels = as.character(bar.numbers), cex = 0.8)
box(bty = "l")
```

---

[1] 用百分比相乘也可以，例如：bar.numbers*1.05 。

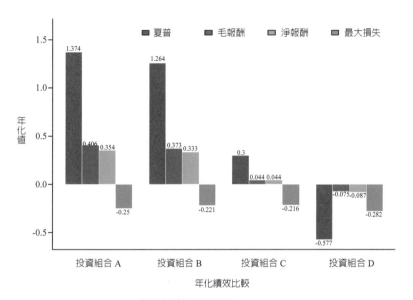

(A) 圖片以新視窗呈現，dev.new()

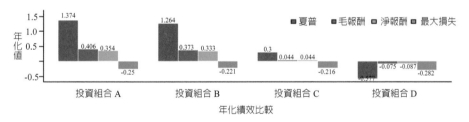

(B) 圖片投影到 RStudio Plots 視窗

```
x<-barplot(as.matrix(DF[, -1]), beside = TRUE,
        legend.text = c(" 夏普 ", " 毛報酬 ", " 淨報酬 ", " 最大損失 "),
        args.legend = list(bty = "n", horiz = TRUE),
        col = colors, border = "white", names.arg = NULL,
        ylim = c(min(DF[, -1])-0.1, max(DF[, -1])*1.25),
        xlab = " 年化績效比較 ", ylab = " 年化值 ", main = NULL)
bar.numbers<- as.matrix(DF[, -1])
text(x,bar.numbers*1.05, labels = as.character(bar.numbers), cex = 0.8)
box(bty = "l")
```

▶▶ 圖 3.1-4　格子以純色彩顯示

　　圖 3.1-4 是用色彩顯示，萬一印刷只有黑白時，這種色彩配置就會出現問題。解決方案就是淡化加上條紋 (texture)。如圖 3.1-5 的主程式最後兩個參數：

density = c(30, 30, 20, 40) 就是 4 色對應的淡化程度。
angle = c(135, 45, 0, 90) 就是 4 色對應橫紋的逆時鐘角度，0 = 水平，90 = 垂直。

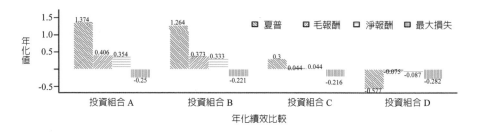

```
x<-barplot(as.matrix(DF[, -1]), beside = TRUE,
          legend.text = c(" 夏普 ", " 毛報酬 ", " 淨報酬 ", " 最大損失 "),
          args.legend = list(bty = "n", horiz = TRUE),
          col = colors, border = "white", names.arg = NULL,
          ylim = c(min(DF[, -1])-0.1, max(DF[, -1])*1.25),
          xlab = " 年化績效比較 ", ylab = " 年化值 ", main = NULL,
          density = c(30, 30, 20, 40),
          angle = c(135, 45, 0, 90))
bar.numbers<- as.matrix(DF[, -1])
text(x, bar.numbers + 0.05, labels = as.character(bar.numbers), cex = 0.8)
box(bty = "l")
```

▶▶圖 3.1-5　格子以條紋顯示

練習：請將 DF 資料轉置，也就是 t(DF)，然後調整參數顯示。

3.2　Base R 的繪圖函數 plot()

使用 R 的優點之一，在於它對資料分析強大的視覺化功能。

plot() 功能強大，可以處理任何的資料格式：資料框架、時間序列和迴歸配適物件。我們看下面例子：

3.2-1　兩個文字變數

plot() 是雙維圖，所以，如果用 plot(Y~X) 語法，相當於用 plot(X, Y)；切記，plot(X, Y) 方法，變數一定要攜帶資料，不能用 plot(X, Y, data = myData) 宣告。如下：

```
plot(dat1[, "occupation"], dat1[, "gender"])
plot(dat1[, "gender"], log(dat1[, "wage"]))
plot(dat1[, "education"], log(dat1[, "wage"]))
```

圖 3.2-1 plot(dat1[, "occupation"], dat1[, "gender"])，因為性別 gender 是因子文字，有兩個；職業 occupation 也是因子文字，有六個。因此，plot() 會自動畫出馬賽克 (mosaic) 圖，如下：

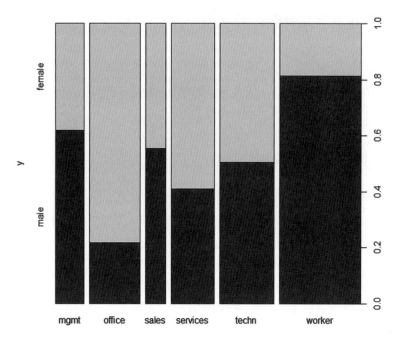

▶️圖 3.2-1　plot(dat1[, "occupation"], dat1[, "gender"], xlab = "")

　　圖 3.2-1 的圖形，X 軸的六個條狀圖，寬度個個不同。Worker 最寬，代表六個職業中，worker 人數最多，然後男性也最多。這樣的圖形，有助於分析以字串資料表示的受薪人特徵。

　　其次，圖 3.2-2 繪製 plot(dat1[, "gender"], log(dat1[, "wage"]))，Y 軸的變數是連續資料 log(wage)，所以 plot() 會自動以盒鬚圖 (box-and-whisker plot) 繪製。

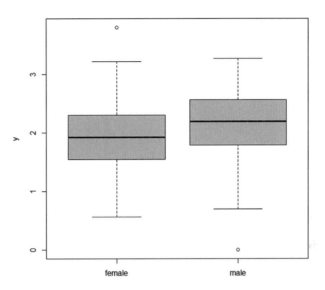

▶▶ 圖 3.2-2 plot(dat1[, "gender"], log(dat1[, "wage"]), xlab = "")

最後，圖 3.2-3：Y 軸和 X 軸的變數，都是連續資料，所以 plot() 會自動以簡單散布圖繪製。

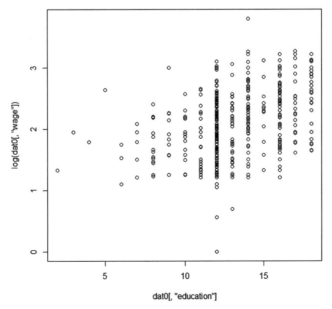

(A) plot(dat1[, "education"], log(dat1[, "wage"]))

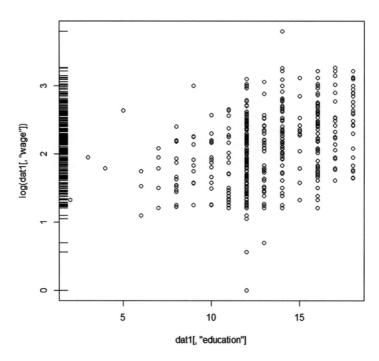

```
plot(dat1[, "education"], log(dat1[, "wage"]))
rug(log(dat1[, "wage"]), side = 2)
```
(B)

▶▶圖 3.2-3

　　但是，圖 3.2-3(A) 這個散布圖，因為資料特性，只能在 Y 軸增加資料的「邊際密度刻度」。處理如圖 3.2-3(B)，Y 軸的資料是 log(dat1[, "wage"])，圖框邊是第二邊 side = 2。

3.2-2　成對的散布矩陣圖 pairs()

　　圖 3.2-4 (A) 的散矩陣圖是用 pairs(wageData) 產生的，經過下面程式調整，則可以調整顯示如圖 3.2-4 (B)：中文顯示變數標籤，散布點依照性別上色。

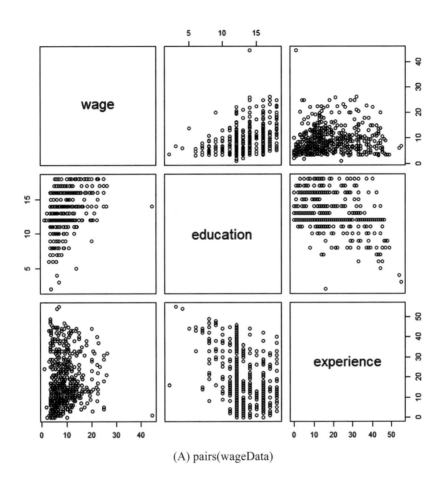

(A) pairs(wageData)

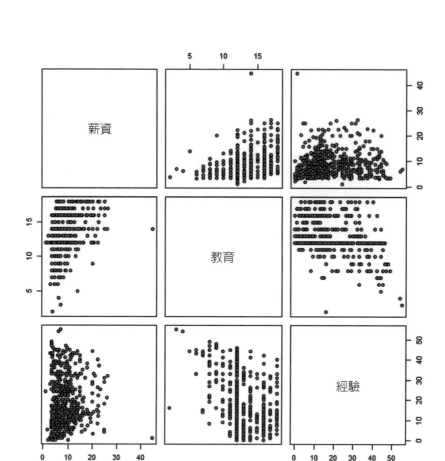

(B)

```
pairs(wageData[, 1:3],
      labels = c(" 薪資 ", " 教育 ", " 經驗 "),
      bg = c("pink", "steelblue")[unclass(wageData$gender)],
      pch = 21)
```

▶▶圖 3.2-4

　　圖 3.2-5 是圖 3.2-4 的進化圖：除了散布點之外，主對角線更增加了對應直方圖資訊。

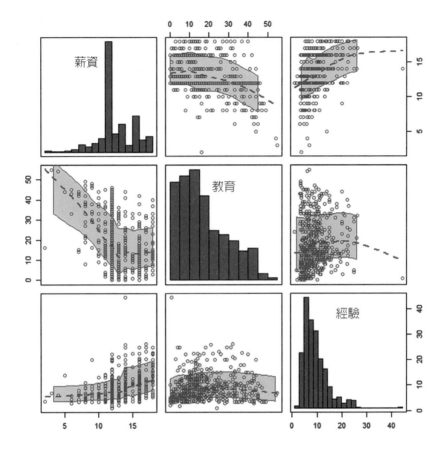

```
car::scatterplotMatrix(~ education + experience + wage,
                       regLine = FALSE,
                       var.labels = c(" 薪資 ", " 教育 ", " 經驗 "),
                       smooth = list(span = 0.5, spread = TRUE, col = "2"),
                       diagonal = list(method = "histogram"),
                       data = dat1)
```

▶▶圖 3.2-5

練習：利用 **help()** 查一查 **scatterplotMatrix()** 內的參數選項，將主對角
線的直方圖顯示，改為密度圖 (kernel density)；以及添加 ellipse =

TRUE。

提示：改變參數 diagonal = " "。

3.2-3 比較兩筆資料的 qqplot() 函數

　　圖 3.2-6 下方程式畫出的圖就是利用 **qqplot()** 比較男女薪資差距的方法。45° 線是公平線，也就是男性薪資和女性薪資相等。圖中顯示，薪資分布傾向男性，因此薪資有明顯的性別偏誤 (bias toward the male)。需注意，我們不能就此做結論說薪資有性別歧視，這個結論還需要控制同樣的工作分類才行。

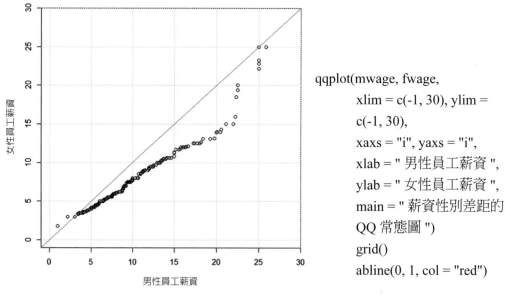

```
qqplot(mwage, fwage,
    xlim = c(-1, 30), ylim =
    c(-1, 30),
    xaxs = "i", yaxs = "i",
    xlab = " 男性員工薪資 ",
    ylab = " 女性員工薪資 ",
    main = " 薪資性別差距的
    QQ 常態圖 ")
grid()
abline(0, 1, col = "red")
```

▶▶圖 3.2-6

必須注意，產生圖 3.2-6 最重要的地方在宣告 xlim 和 ylim，如果沒有宣告，程式會內建為兩筆數據的 range，這樣就會很難看。讀者可以試試看，把 xlim 和 ylim 兩個參數移除後的圖形，Y 軸極大值會偏高，45°線就不會很明確。

這兩個參數如果不手動，也可以先計算：

QQ = qqplot(mwage, fwage)

然後用 QQ$x 和 QQ$x 當作 xlim 和 ylim 的間距，如下：

xlim = range(QQ$x)
ylim = range(QQ$y)

上面的語法，筆者將最小值設為 1 而不是 0，這樣可以獲得更好的視覺效果。

3.3　三維立體繪圖

3D 圖的繪製是 R 的一個特色。下面的程式碼做了簡單的介紹。

scatter3d() 內的宣告如下：
    fit = c("linear", "quadratic", "smooth", "additive")
    ellipsoid = FALSE
    grid = TRUE
    axis.scales = TRUE
    bg = " " 圖的背景色彩

畫出的 3D 圖如下：

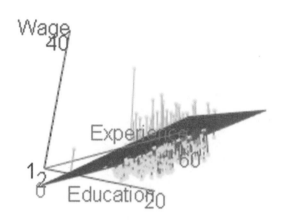

```
car::scatter3d(dat1$education, dat1$wage, dat1$experience,
              fit = "linear",
              residuals = TRUE,
              bg = "white",
              axis.scales = TRUE,
              grid = TRUE,
              ellipsoid = FALSE,
              xlab = "Education", ylab = "Wage", zlab = "Experience")
```

▶️圖 3.3-1

　　scatter3d 產生的 3D 圖是可以用滑鼠調整方向，等到角度調整到滿意時，就可以用以下語法存取：

```
rgl.snapshot(filename = " · path/3.3-1.png")
```

目前這個繪圖無法用中文宣告座標。

練習：請將 fit = "linear" 改成 "quadratic" 或 "smooth"；再把 ellipsoid = FALSE 改成 TRUE，看看畫出的圖如何。

　　除了 **scatter3D()** 之外，**R** 基本的 3D 繪圖函數至少還有三個：

image()、contour() 和 persp()。image() 和等高線圖 contour() 類似,都是在 2D 呈現 3D 資訊。另外,套件 misc3d 提供函數 parametric3d() 也是 3D 繪圖。因為 3D 繪圖的數學性質很強,下面的程式,我們介紹 persp() 和 image() 的特性,其餘就留給讀者自行探索。

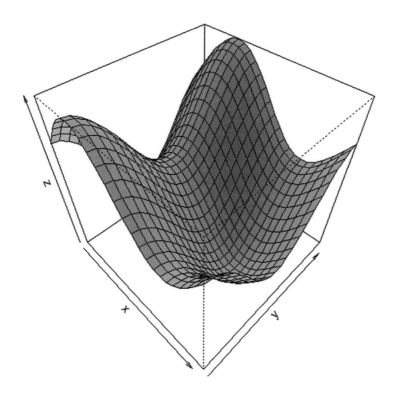

```
x = y = seq(0, 2 * pi, len = 25)
z = outer(x, y, function(x, y) {sin(x) + cos(y)})
persp(x, y, z, theta = 45, phi = 45, shade = 0.25, col = "lightblue")
```
▶▶圖 3.3-2

數學也可以是一種美學⋯⋯

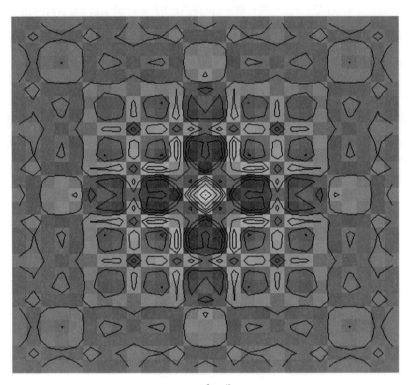

$$\cos(r^2)e^{-r/6}$$

```
x = y = seq(-4*pi, 4*pi, length.out = 27)
r = sqrt(outer(x^2, y^2, `+`))
image(z, axes = FALSE,
        main = "Math can be beautiful ...",
        xlab = expression(cos(r^2) * e^{-r/6}),
        col = hcl.colors(33, "viridis"))
contour(z, add = TRUE, drawlabels = FALSE)
```

▶▶圖 3.3-3

3.4　Imaging Correlation 相關性影像圖

3.4-1　套件 corrgram 和 fAssets

分析數值資料時，變數之間的相關性是一項重點。傳統作法是用相關係數數字，建立對稱矩陣。**R** 的函數 **corrgram()**[2] 將相關係數用圖形或各種組合呈現。透過色彩，我們可以很輕易地判斷正負相關，甚至檢定相關係數是否為顯著的。我們將先用汽車資料來介紹。我們看一看這筆汽車資料的長相，如下圖 3.4-1；前兩欄是字串，其餘皆是數字。

```
library(corrgram)
data(auto)
```

```
> head(auto)
          Model Origin Price MPG Rep78 Rep77 Hroom Rseat Trunk Weight Length Turn Displa Gratio
1 AMC Concord         A  4099  22     3     2   2.5  27.5    11   2930    186   40    121   3.58
2 AMC Pacer           A  4749  17     3     1   3.0  25.5    11   3350    173   40    258   2.53
3 AMC Spirit          A  3799  22    NA    NA   3.0  18.5    12   2640    168   35    121   3.08
4 Audi 5000           E  9690  17     5     2   3.0  27.0    15   2830    189   37    131   3.20
5 Audi Fox            E  6295  23     3     3   2.5  28.0    11   2070    174   36     97   3.70
6 BMW 320I            E  9735  25     4     4   2.5  26.0    12   2650    177   34    121   3.64
> |
```

```
head(auto)
```

▶▶圖 3.4-1

corrgram() 函數

> **corrgram**(data, lower.panel = panel.conf, upper.panel = panel.pie, text.panel = panel.txt, diag.panel = NULL, order = TRUE, main = "Auto data (PC order)")

---

[2]　Friendly, Michael. 2002. Corrgrams: Exploratory Displays for Correlation Matrices. *American Statistician*, 56: 316-324. url http://www.math.yorku.ca/SCS/Papers/corrgram.pdf.

內容解說如下：

lower.panel = corrgram() 圖形矩陣的下三角形顯示方法

upper.panel = corrgram() 圖形矩陣的上三角形顯示方法

以上兩個宣告之選項有 5 個：panel.pts、panel.pie、panel.shade、panel.ellipse 和 panel.conf。要了解的方法就是直接試一試。

text.panel = corrgram() 圖形矩陣的主對角線是否顯示文字

此宣告選項有：panel.txt 和 NULL。

diag.panel = corrgram() 圖形矩陣的主對角線是否顯示其他資訊

此宣告選項有：NULL 和 panel.minmax（是資料的最大值和最小值）。

order = 這個 macro 是詢問是否要將主對角線顯示之資料重排

若寫 TRUE 或 "PCA"，則是以 PCA 為基礎重排。

若寫 "OLO"，則是依照 optimal leaf ordering 排序。

若寫 NULL 或整個 order = 都取消，則依字母排。

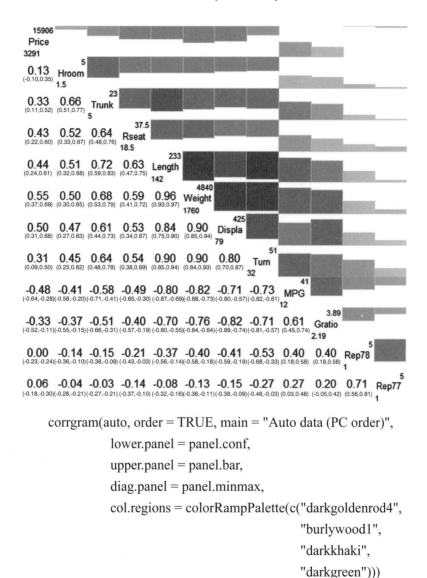

```
corrgram(auto, order = TRUE, main = "Auto data (PC order)",
         lower.panel = panel.conf,
         upper.panel = panel.bar,
         diag.panel = panel.minmax,
         col.regions = colorRampPalette(c("darkgoldenrod4",
                                          "burlywood1",
                                          "darkkhaki",
                                          "darkgreen"))))
```

▶▶圖 3.4-2

練習：試著改變 **corrgram()** 函數內的選項，利用 **help()** 解釋 panel.

minmax 的意義為何，並繪出圖 3.4-3。

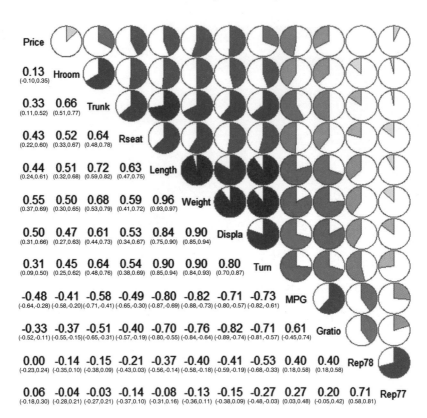

▶▶ 圖 3.4-3

時間序列相關係數視覺呈現，套件 fAssets 內有一個函數可以對 timeSeries 的物件處理相關係數視覺化與歸類，先載入函數和新興市場 ETF 報酬率資料，如下：

load("data/retEM.RData")

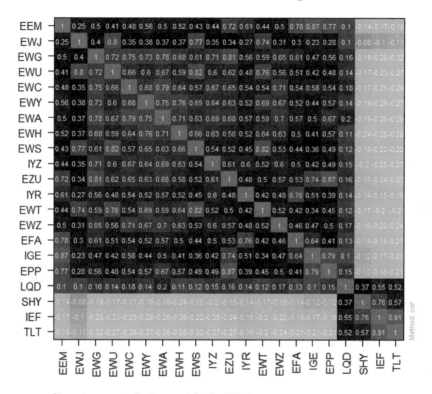

fAssets::assetsCorImagePlot(retEM)

▶圖 3.4-4

　　圖 3.4-4 透過色彩將正相關與負相關的資產做了集群分組，建議讀者執行程式，檢視這種視覺化技巧的特徵。

　　展現相關性，不一定只有相關係數。圖 3.4-5 利用資料的敘述統計做如下計算：

$$\frac{x - \min(\mathbf{X})}{\max(\mathbf{X}) - \min(\mathbf{X})}$$

以資產平均數為例，大寫 X 代表 21 個資產的各自平均報酬率，是一個 21×1 的向量；小寫 x 代表資產自己的平均報酬率，是一個數值。因此，當個別資產的平均就是極小值時，這個相對數字就是 0，如果是極大值，這個相對數字就是 1。這樣就可以決定扇葉面積。

先計算相關指標，再繪製扇形圖，方法如下：

新興市場 ETF，報酬率敘述統計

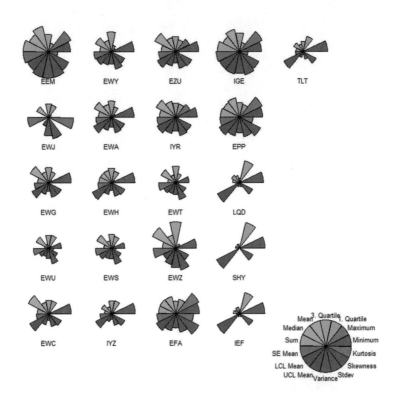

```
assetsBasicStatsPlot(retEM,
                     main = " 新興市場 ETF, 報酬率敘述統計 ",
                     itle = "", description = "")
```

▶圖 3.4-5

　　如果覺得圖 3.4-5 呈現的統計指標太多，可以擇四階動差顯示，如圖 3.4-6。

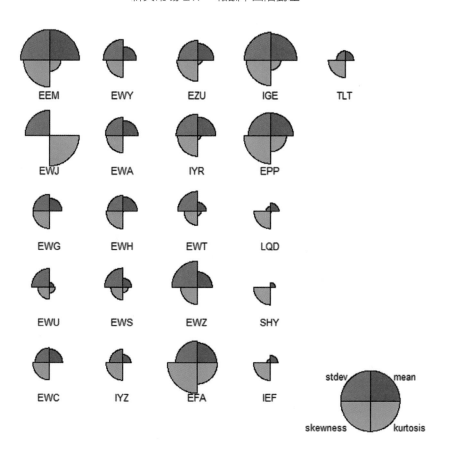

新興市場 ETF，報酬率四階動差

```
assetsMomentsPlot(retEM,
                main = " 新興市場 ETF, 報酬率四階動差 ",
                title = "", description = "")
```

▶▶圖 3.4-6

3.4-2　levelplot 的相關係數視覺化：套件 lattice

lattice::levelplot 繪製的相關係數，是一個相當高階的呈現。顧名思義，levelplot 繪製等高圖 (contour map)，所以，它是一個 3D 投影成 2D 的技術。我們看圖 3.4-7 就一目了然。

```
dat = read.csv("data/Cars93.csv", stringsAsFactors = TRUE)
cor.dat = as.matrix(cor(dat[, !sapply(dat, is.factor)], use = "pair"))
```

levelplot 繪製須定義 panel 函數，都在附件程式內：
source("src/tools.R")

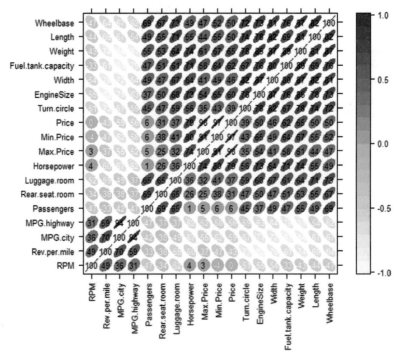

```
ord = order.dendrogram(as.dendrogram(hclust(dist(cor.dat))))
levelplot(cor.dat[ord, ord], at = do.breaks(c(-1.01, 1.01), 20),
          xlab = NULL, ylab = NULL, colorkey = list(space = "right"),
          scales = list(x = list(rot = 90)), label = TRUE,
          panel = **panel.corrgram.1**)
```

▶▶ 圖 3.4-7　使用橢圓形 (panel.corrgram.1)，階層式集群排序 (hclust)

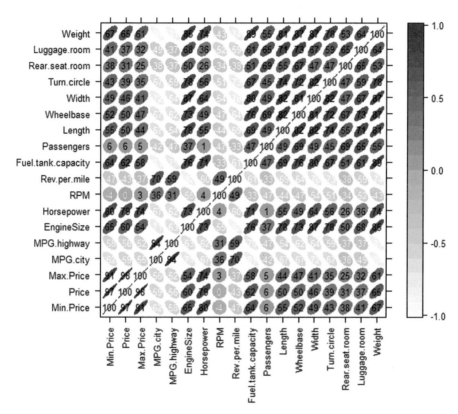

```
levelplot(cor.dat, at = do.breaks(c(-1.01, 1.01), 20),
          xlab = NULL, ylab = NULL, colorkey = list(space = "right"),
          scales = list(x = list(rot = 90)), label = TRUE,
          panel = panel.corrgram.1)
```

▶▶ 圖 3.4-8　使用橢圓形 (panel.corrgram.1)，名稱排序

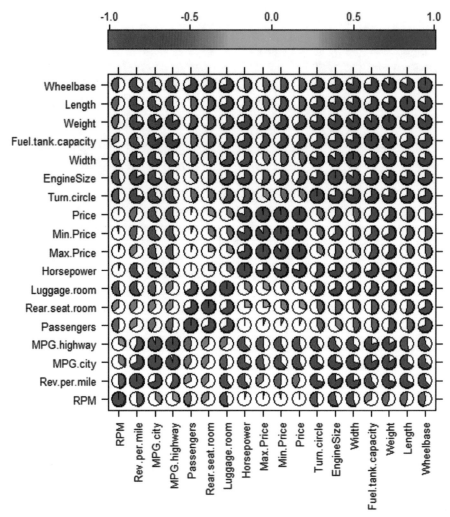

levelplot(cor.dat[ord, ord], at = do.breaks(c(-1.01, 1.01), 101),
　　　　　xlab = NULL, ylab = NULL, scales = list(x = list(rot = 90)),
　　　　　col.regions = **colorRampPalette(c("red", "green", "blue"))**,
　　　　　colorkey = list(space = "top"), **panel = panel.corrgram.2**)

▶圖 3.4-9　使用圓形 (panel.corrgram.2) 與 RGB 色版，名稱排序

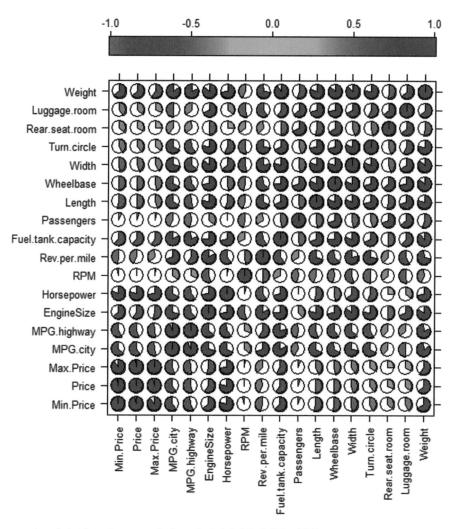

levelplot(cor.dat, at = do.breaks(c(-1.01, 1.01), 101),

　　　　　xlab = NULL, ylab = NULL, scales = list(x = list(rot = 90)),

　　　　　col.regions = **colorRampPalette(c("red", "green", "blue"))**,

　　　　　colorkey = list(space = "top"), **panel = panel.corrgram.2**)

▶▶圖 3.4-10　使用圓形 (panel.corrgram.2) 與 RGB 色版，名稱排序

3.5　Multiway 多向式繪圖──套件 lattice

　　lattice 是 R 內建的一個高階繪圖。單字 lattice 原意為一格一格種絲瓜的架子，這套件就是用類似方法處理具多層次資料的視覺分析。我們先看一個 R 內建的繪圖函數 dotchart()，再看 lattice。

3.5-1　dotchart()、dotplot() 和 peichart() 的多向繪圖

　　這已經是一個矩陣資料表，dotchart() 是將整理好的分類表以特定方式呈現，使用 dotchart() 繪製圖形時，最好載入的資料是 Excel 的格式，如果用 .txt 的文字檔，字串會看成兩欄。

　　先載入圖 3.5-1 經常帳資料：

```
load("data/CurrentAccount.RData")
head(CurrentAccount)
```

練習：將圖 3.5-1 的轉置去除，比較結果。

dotchart(CurrentAccount, ...)

　　dotchart() 是 R 內建的製圖函數，套件 lattice 有一個 dotplot() 和 barchart()，能夠對資料做出進一步的視覺分析。點狀圖 dotplot() 是畫出 Cleveland 點狀圖，不是一般統計學書上所稱的點狀圖，要畫一般點狀圖，則載入套件 library(**epicalc**)，這個點狀圖是分配圖，我們不介紹。下面程式介紹 **lattice** 套件內的 **dotplot()**。先載入套件：

```
library(lattice)
```

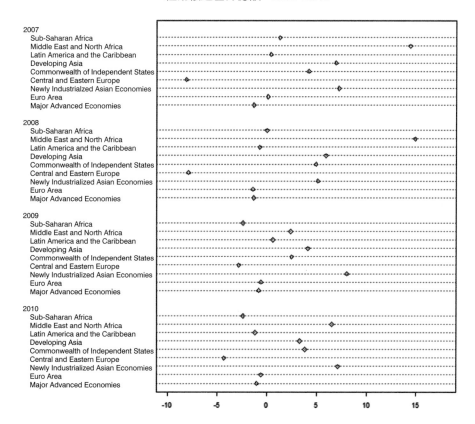

經常帳之世界份額，2007-2010

```
dotchart(t(CurrentAccount),
         xlim = c(-10, 18),
         cex = 0.6,
         lcolor = "blue",
         pch = 23)
title(main = " 經常帳之世界份額 ")
```

▶▶圖 3.5-1

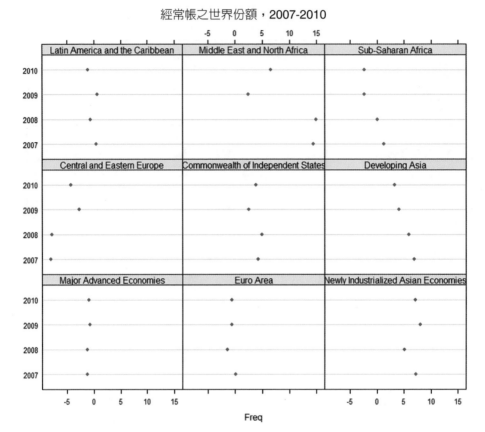

▶圖 3.5-2　dotplot(CA, groups = F, main = " 經常帳之世界份額, 2007-2010")

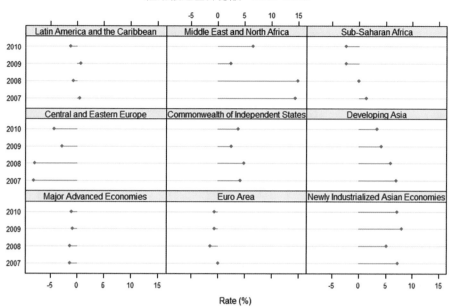

經常帳之世界份額，2007-2010

```
lattice::dotplot(CA,
        type = c("p", "h"),
        groups = F,
        layout = c(3, 3),
        aspect = 0.5,
        origin = 0,
        main = " 經常帳之世界份額, 2007-2010",
        xlab = "Rate (%)")
```

▶▶圖 3.5-3

經常帳之世界份額，2007-2010

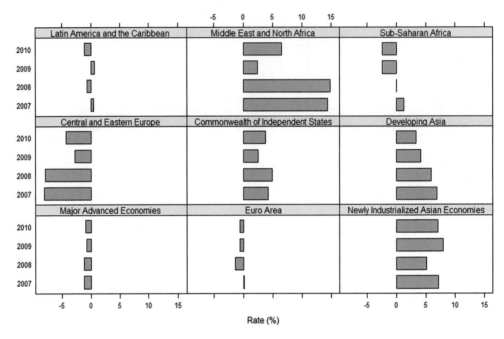

```
lattice::barchart(CA,
                groups = FALSE,
                layout = c(3, 3),
                aspect = 0.5,
                reference = FALSE,
                main = " 經常帳之世界份額, 2007-2010",
                xlab = "Rate (%)")
```

▶▶圖 3.5-4

　　下圖 3.5-5 是 **dotplot()** 的另一種顯示方法，可以看出經常帳比率的趨勢。但是，因為經濟區塊過多，且波動過大，所以這種顯示法不是很適合。

經常帳之世界份額，2007-2010

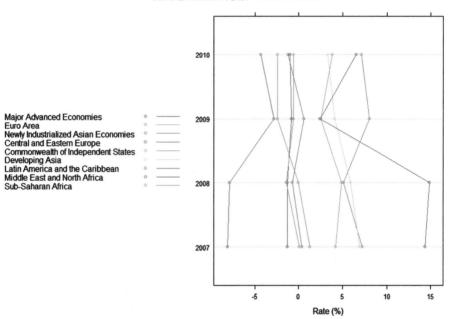

圖 3.5-5

```
lattice::dotplot(CA,
                 type = "o",
                 auto.key = list(lines = T, space = "left"),
                 main = " 經常帳之世界份額, 2007-2010",
                 xlab = "Rate (%)")
```

練習：利用資料 R 內建資料 VADeaths，可利用指令 data(VADeaths) 叫出來，先看一看資料長相，進行上述 dotplot() 分析比較。

資料 VADeaths 是美國 Virginia 1940 年保險死亡人數（每千人）分配資料，如下：

	Rural Male	Rural Female	Urban Male	Urban Female
50-54	11.7	8.7	15.4	8.4
55-59	18.1	11.7	24.3	13.6
60-64	26.9	20.3	37.0	19.3
65-69	41.0	30.9	54.6	35.1
70-74	66.0	54.3	71.1	50.0

　　畫這張圖還需要兩個函數，記得執行這個 piechart() 時，先執行 source("src/tools.R") 即可。這個程式可從本書在五南網站的資料下載。

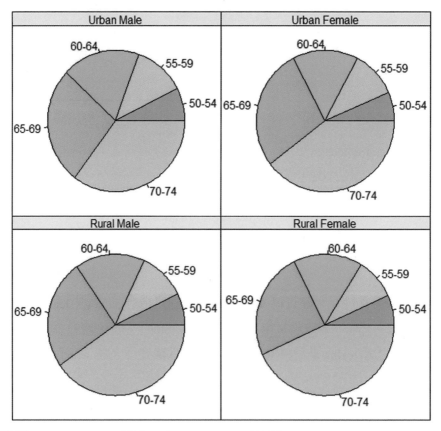

▶ 圖 3.5-6 　piechart(VADeaths, groups = FALSE, xlab = "")

3.5-2 散布點標註文字

我們再看另一種形式的資料，TwinDeficit.csv 是幾個國家 2011 年第 3 季公布的全球經常帳赤字和財政赤字。資料如下圖 3.5-7：

countryNames	ca.Deficit	fiscal.Deficit	economicGrowth
Austria	2.9	-3.6	3.5
Belgium	1.4	-3.8	2.3
France	-2.5	-5.8	1.7
Germany	5.0	-1.7	2.8
Greece	-9.6	-9.1	-7.3
Italy	-3.7	-3.7	0.8
Netherlands	7.3	-3.8	1.6
Spain	-3.8	-6.5	0.7
Taiwan	8.4	-2.7	3.4
South Korea	2.4	1.5	3.4
USA	-3.2	-9.1	1.6
China	4.0	-1.8	9.1
Japan	2.3	-8.3	-1.1
UK	-1.9	-8.8	0.5
Canada	-2.9	-4.0	2.2
India	-3.2	-4.7	7.7
Singapore	15.5	0.3	5.9
Argentina	-0.4	-1.4	9.1
Brazil	-2.5	-3.0	3.1
Mexico	-1.6	-2.5	6.8
Egypt	-3.2	-9.7	0.3

▶▶圖 3.5-7

這筆資料也稱為雙赤字 (twin deficits)，因此，我們想看一看哪些國家雙赤字最為嚴重。先讀取資料：dat = read.csv("data/TwinDeficit.csv", header = T)。

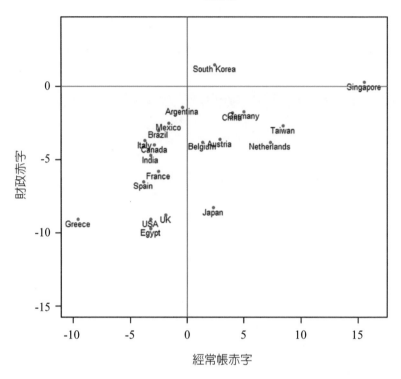

```
plot(dat[, 2:3],
        xlim = c(-10, 16.5), ylim = c(-15, 4),
        pch = 20,
        xlab = " 經常帳赤字 ", ylab = " 財政赤字 ", col = "red", main = " 雙
        赤字 ")
    text(dat[, 2:3], labels = dat[, 1], pos = 1, cex = 0.8, offset = 0.1)
    abline(h = 0, v = 0, col = "blue")
```

▶▶ 圖 3.5-8　用 text() 標註散布點資訊

　　希臘 (Greece) 的雙赤字狀況是最差的。圖 3.5-8 的繪製適合資料散布程度正負大的；如果資料集中，就不適合這樣顯示，因為字母會擁擠，好比 Germany 和 China 就部分重疊了。雙赤字的資料有正負意義，所以，劃分四個象限是有幫助的。

3.5-3　histogram 和 densityplot: lattice 多向呈現資料分布

接下來，我們繼續介紹 lattice 的 multi-way 分格顯示資料分布，資料回到之前的 CPS1985.csv，如前讀取：

dat1 = read.csv("data/CPS1985.csv", stringsAsFactors = TRUE)

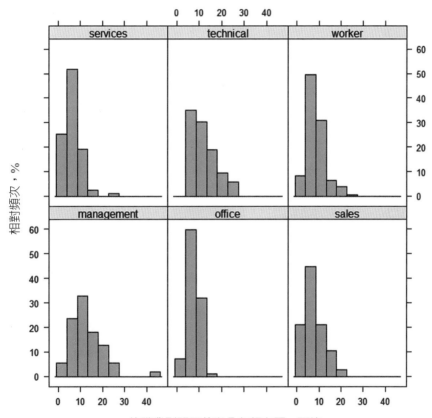

histogram(~ wage | factor(occupation),

　　　　　xlab = " 依職業別顯示薪資分布頻次圖, 區塊 ",

　　　　　ylab = " 相對頻次, %",

　　　　　data = dat1)

▶▶圖 3.5-9

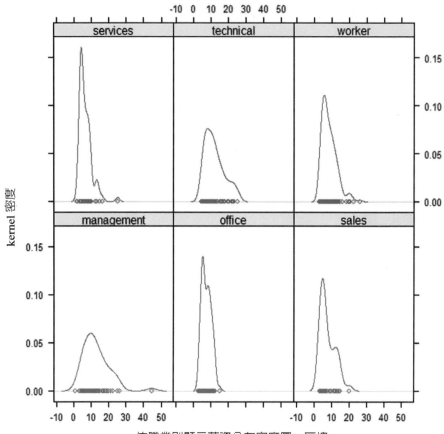

依職業別顯示薪資分布密度圖，區塊

```
densityplot(~ wage| factor(occupation),
              plot.points = TRUE,
              ref = TRUE,
              xlab = " 依職業別顯示薪資分布密度圖, 區塊 ",
              ylab = "kernel 密度 ",
              data = dat1)
```

▶️圖 3.5-10　分職業區塊顯示

　　參數 plot.points = TRUE 類似 rug() 功能，在密度分布圖底標註原始數
字。

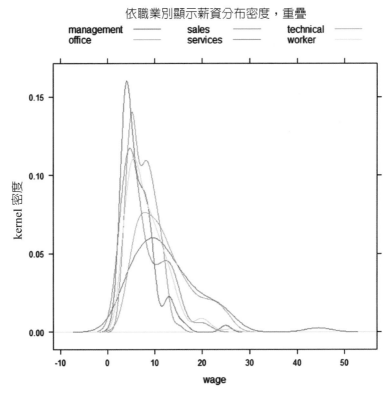

▶▶ 圖 3.5-11

```
densityplot(~ wage, groups = occupation,
          plot.points = FALSE, ref = TRUE,
          ylab = "kernel 密度 ",
          data = dat1,
          auto.key = list(title = " 依職業別顯示薪資分布密度, 重疊 ",
                          columns = 3,
                          space = "top")
          )
```

圖 3.5-11 的參數設定為 plot.points = FALSE，可以避免一團數字堆擠。

合併 multi-way 的圖形，無法使用之前常用的 par(mfrow = c(2, 1)) 方法，下面程式將介紹如何處理。

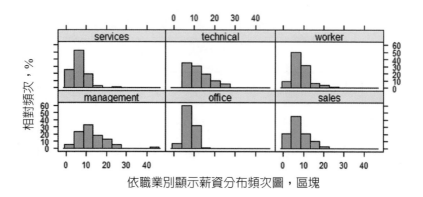

依職業別顯示薪資分布頻次圖，區塊

```
tp1 = histogram(~ wage | factor(occupation),
                xlab = " 依職業別顯示薪資分布頻次圖, 區塊 ",
                ylab = " 相對頻次, %",
                data = dat1)
tp2 = densityplot(~ wage, groups = occupation,
          plot.points = FALSE, ref = TRUE,
          ylab = "kernel 密度 ",
          data = dat1,
          auto.key = list(title = " 依職業別顯示薪資分布密度, 重疊 ",
                    columns = 3,
                    space = "top"))
plot(tp1, split = c(1, 1, 1, 2))
plot(tp2, split = c(1, 2, 1, 2), newpage = FALSE)
```

▶▶圖 3.5-12　合併多向圖

3.5-4 xyplot 和 bwplot：lattice 多向呈現雙變數資料關聯

接下來，我們介紹如何以職業 occupation 為因子，看看六個職業的薪資與經驗關係的散布圖。

範例程式：xyplot()

1. **xyplot**(log(wage) ~ experience | occupation)
2. **xyplot**(log(wage) ~ experience | **occupation, groups = gender**, auto.key = list(columns = 2, space = "top", title = "Grouping by Gender"))
3. **xyplot**(log(wage) ~ experience | **occupation*gender**, auto.key = list(columns = 2, space = "top", title = "Grouping by Gender"))
4. **bwplot**(log(wage) ~ ethnicity | gender)

說明
1. 繪圖。圖 3.5-13
2. 繪圖。圖 3.5-14
3. 繪圖。圖 3.5-15
4. 繪圖。圖 3.5-16

下圖 3.5-13 是函數 **xyplot**(log(wage) ~ experience | occupation) 畫出的，是依照職業作為因子，lattice 的多維度繪圖會顯示成六格，這樣我們便於比較任一個工作、薪資和經驗的關係。

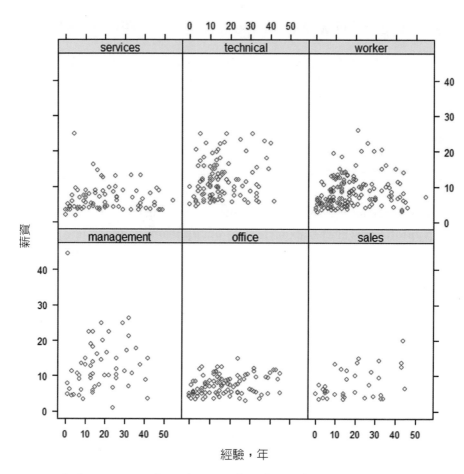

```
xyplot(wage ~ experience | occupation, data = dat1,
       xlab = " 經驗 , 年 ", ylab = " 薪資 ")
```

▶ 圖 3.5-13

接下來，我們介紹以職業 occupation 為因子的薪資與經驗的關係，如何再進一步：以性別分群，看看上圖 3.5-13 的關係。如下：

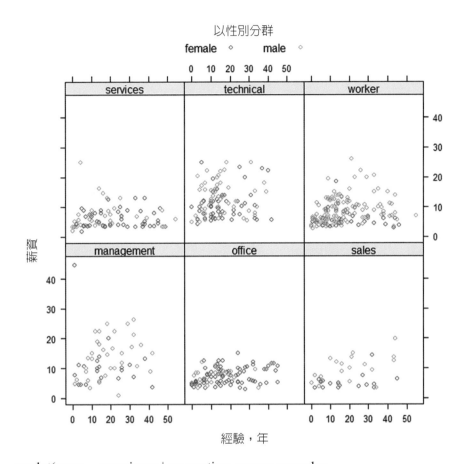

```
xyplot(wage ~ experience | occupation, groups = gender,
        auto.key = list(columns = 2, space = "top", title = " 依性別分群 "),
        data = dat1,
        xlab = " 經驗, 年 ",
        ylab = " 薪資 ")
```

▶▶ 圖 3.5-14

　　上圖 3.5-14 將性別用顏色區分。這樣就可以發現，office 的工作，女性相對較多，而且薪資與經驗沒有正相關。而 services 的工作，薪資與經驗的散布更為沒有形狀。

圖 3.5-14 是用顏色區分，如果我們想在職業內把男女分開看，則利用下列函數，結果如圖 3.5-15 所示：

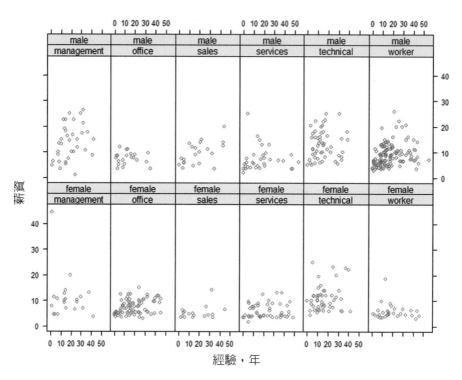

```
xyplot(wage ~ experience | occupation*gender,
      auto.key = list(columns = 2, space = "top", title = " 依性別分群 "),
      data = dat1, xlab = " 經驗, 年 ", ylab = " 薪資 ")
```
》圖 3.5-15

單單一筆資料對字串變數的分析，R 可以用盒鬚圖或條狀圖，以多維度盒鬚圖為例，如圖 3.5-16：

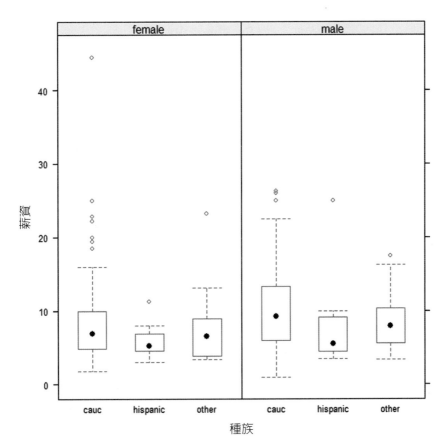

```
bwplot(wage ~ ethnicity | gender, data = dat1, ylab = " 薪資 ", xlab = " 種
族 ")
```

▶▶ 圖 3.5-16

最後，lattice 有一個很棒的視覺化用法，就是比較兩個模型的預測，如下述圖 3.5-17 的資料表，vote 是真正投票行為 {No, Yes}，在演算時的二元數值為：No = 0, Yes = 1。

```
dataset = read.csv("prediction.csv")
```

1	vote	By_glm	By_rf	
2	Yes	0.87753	0.978	
3	No	0.678673	0.206	
4	No	0.529041	0.156	
5	Yes	0.57554	0.944	
6	Yes	0.628617	0.892	
7	Yes	0.838428	0.94	
8	No	0.771599	0.604	
9	Yes	0.901276	0.848	

▶▶圖 3.5-17

第 2 欄 By_glm 是依照廣義線性模型 (generalized linear model) 預測的機率，第 3 欄 By_rf 是依照隨機森林 (random forest) 預測的機率。預測機率大於 0.5 的預測為 Yes，反之為 No。這樣，我們除了利用混淆矩陣歸類預測結果，可以比較原始機率。程式碼如下：

我們先產生兩個 density plot，然後呼叫 gridExtra 的函數 grid.arrange()，將這兩個 lattice plots 放在一個框。在個別 density plot 內，最後有一個 panel 宣告：

```
panel = function(...){
    panel.densityplot(...)
    panel.abline(v = 0.5, col.line = "red", lty = 2)
}
```

這個是用來添加輔助線的函數。我們會在 X 軸 0.5 的位置繪製一條垂直線。圖 3.5-18 呈現了視覺化的對照力。

練習：請問從圖 3.5-18 如何看得出來哪個模型有比較好的預測能力？

```
plot_glm = densityplot(~ By_glm | vote,
              data = dataset,
              layout = c(1, 2), aspect = 1, col = "darkblue",
              plot.points = "rug",
              strip = function(...) strip.default(..., style = 1),
              xlab = "Predicted Probability of Voting by glm",
              panel = function(...){
                        panel.densityplot(...)
                        panel.abline(v = 0.5, col.line = "red", lty = 2)}})
plot_rf = densityplot(~ By_rf | vote,
              data = dataset,
              layout = c(1, 2), aspect = 1, col = "darkblue",
              plot.points = "rug",
              strip = function(...) strip.default(..., style = 1),
              xlab = "Predicted Probability of Voting by RF",
                     panel = function(...){
                       panel.densityplot(...)
                       panel.abline(v = 0.5,
                       col.line = "red", lty = 2)
                     })
library("gridExtra")
grid.arrange(plot_glm, plot_rf, ncol = 2)
```

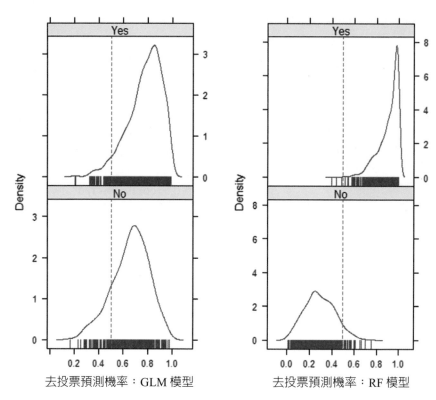

去投票預測機率：GLM 模型　　　　去投票預測機率：RF 模型

▶▶圖 3.5-18

3.6　ggplot2 簡介

ggplot2 是 R 生態系中很受歡迎的一個視覺化套件。它的繪圖原理由三部分組成與發展：

Plot = data + Aesthetics + Geometry

data 是資料框架 (data frame)。

Aesthetics 用來指明變數 (x =, y =)，除此，還能控制色彩、形狀與大小等等。

Geometry 定義了數據顯示的幾何式樣，例如：直方圖 (histogram)、盒鬚圖 (box plot)、密度圖 (density plot)、直線圖 (line plot)、點陣圖 (dot plot) 等等。

因為 ggplot2 的 gg 家族龐大，且強大的新功能不斷出現，本節做初步介紹，若有興趣深入 ggplot 的畫圖邏輯，可以至 RStudio 官網閱讀相關文件。

我們先用 R 內建數據 PlantGrowth 初步說明 ggplot 的繪圖邏輯，以下我們產生四張圖。

```
plot1 = ggplot(PlantGrowth, aes(x = group, y = weight)) +
        geom_boxplot()

plot2 = plot1 +
        ggtitle(" 植物生長 (Plant growth)")

plot3 = plot1 +
        ggtitle("Plant growth with \ ndifferent treatments")

plot4 = plot1 +
        ggtitle("Plant growth with \ ndifferent treatments") +
        theme(plot.title = element_text(lineheight = .8,
        face = "bold"))
```

以上四張圖解說如下：

plot1 是基準圖，繪製的幾何式樣選用 boxplot。

plot2 在 plot1 添加圖說，用 ggtitle() 函數，ggtitle() 同添加 labs(title = " 植物生長 (Plant growth)")。

plot3 同 plot2 添加圖說，但是如果文字需要斷行則用 \n。

plot4 利用 theme() 修改 plot3 內 ggtitle 內的文字高度，以及改變字體為粗體 (bold)。

　　以上四張圖，都可以點選執行在螢幕繪出，我們利用 ggpubr 套件內的 ggarrange() 函數，把它放置在一起，如圖 3.6-1，語法如下：

```
library(ggpubr)
ggarrange(plot1, plot2, plot3, plot4,
          labels = c("1", "2", "3", "4"),
          ncol = 2, nrow = 2)
```

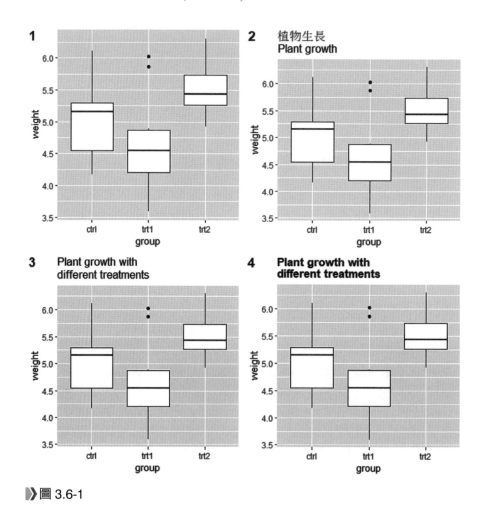

▶圖 3.6-1

R 有至少三個套件可以處理多張圖，如下：

> gridExtra::grid.arrange() 第 5 節尾用的
> ggpubr::ggarrange() 此處使用
> cowplot::ggdraw()

這類技巧十分好用，讀者可以去套件作者的 github 研究學習。我們以 ggarrange 為例，說明如何放入三張圖：

```
ggarrange(
    plot1,
    nrow = 2,
    labels = "1",
    ggarrange(plot2, plot3, ncol = 2, labels = c("2", "3"))
    )
```

邏輯很簡單，就是在主 ggarrange 內再用 1 次 ggarrange()，結果如圖 3.6-2。

最後就是如何添加整張圖的標記。我們先產生要做標記的物件，如下 myPlot：

```
myPlot = grid.arrange(plot3, plot4, ncol = 1, nrow = 2)
```

再用 annotate_figure() 對 myPlot 妝點一番，結果如圖 3.6-3，程式如下，主要就是上下左右的宣告，文法簡潔：

```
annotate_figure(myPlot,
    top = text_grob("Visualizing PlantGrowth", color = "red", face = "bold",
        size = 14),
    bottom = text_grob("Data source: \n PlantGrowth in R datasets", color =
        "blue", just = 1, x = 1, face = "italic", size = 10),
```

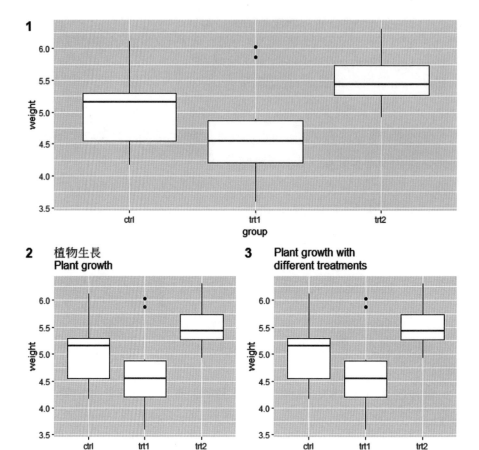

▶圖 3.6-2

left = text_grob(" 利用 ggpubr 完成圖形合併 ", color = "green", rot = 90),

right = " 會用的話，R 是好工具！",

fig.lab = " 圖 1",

fig.lab.face = "bold")

利用 ggpubr完成圖形合併

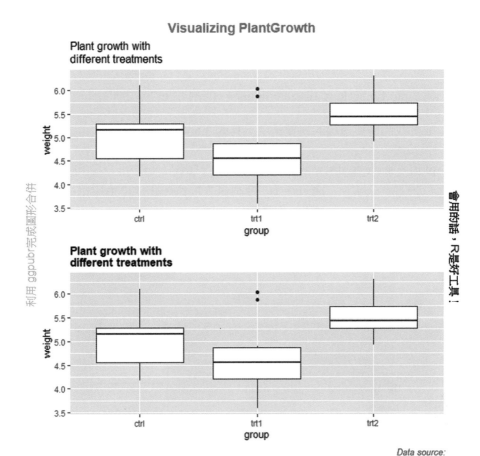

會用的話，R是好工具！

▶️ 圖 3.6-3

　　ggplot2 功能非常地強大，難以在一節將之簡介，最好的學習資源就是 ggplot2 本身的官網、StackOverflows 上面的討論，以及活躍的 R 部落客等等。本書第 3 章的附檔程式有整理出一些語法，就不在此處深究，以免占據過多版面。一些常用的語法如下：

　　將 plot1 的 XY 軸互換：

plot1 + coord_flip()

plot1 的 X 排序而不依照內建依字母先後，自行指定：

plot1 + scale_x_discrete(limits = c("trt1", "trt2", "ctrl"))

或者我們需要這樣的視覺呈現，見圖 3.6-4：

plot1 + scale_x_discrete(breaks = c("ctrl", "trt1", "trt2"),
                    labels = c(" 控制組 ", " 治療組 1", " 治療組 2")) +
                    ylab(" 重量 ") +
                    xlab("")

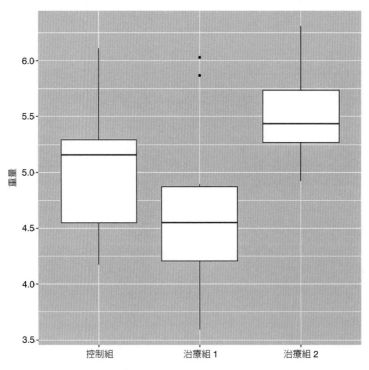

▶▶圖 3.6-4

3.7　統計分析視覺化

3.7-1　迴歸係數視覺化

除了作表，迴歸係數可以透過圖形。我們的範例採用 R 內建的聲望資料 Prestige：

```
data(Prestige, package = "carData")
head(Prestige)
```

表 3.7-1 來自套件 carData，可以在 R 主控台用 ?Prestige 查詢內容。

▶▶ 表 3.7-1　head(Prestige)

	education	income	women	prestige	census	type
gov.administrators	13.11	12351	11.16	68.8	1113	prof
general.managers	12.26	25879	4.02	69.1	1130	prof
accountants	12.77	9271	15.70	63.4	1171	prof
purchasing.officers	11.42	8865	9.11	56.8	1175	prof
chemists	14.62	8403	11.68	73.5	2111	prof
physicists	15.64	11030	5.13	77.6	2113	prof

然後我們執行線性迴歸：

```
out31<- lm(prestige ~ education + women + income, data = Prestige)
```

除了用第 2 章的方法，將估計係數作表外，尚可以使用套件 arm 的函數 coefplot 來視覺化處理[3]，如圖 3.7-1：

---

[3]　將迴歸係數視覺化的套件還有 coefplot，但是，arm 的功能可以重疊兩個迴歸係數，利於比較。本章以 arm 爲主。

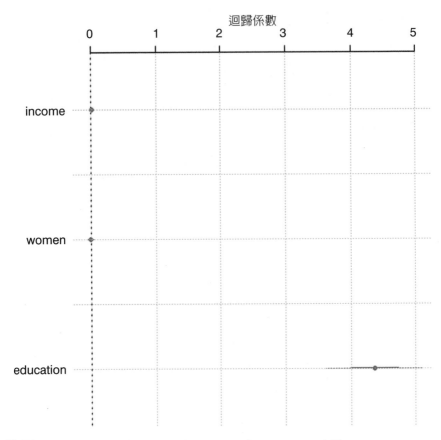

▶▶圖 3.7-1　coefplot(out31, col.pts = "red", cex.pts = 1.5)

在統計上，不顯著的參數，就是信賴區間包含正負。一個參數，正負皆可是什麼意義？就是不確定高，也就是不顯著的一個統計性質。這樣我們就可以簡便地透過視覺化檢視估計參數，乃至比較。

接下來，我們執行一個較為複雜的模型：

out32<- lm(prestige ~ education + women + type*income,
data = Prestige)

然後係數如圖 3.7-2：

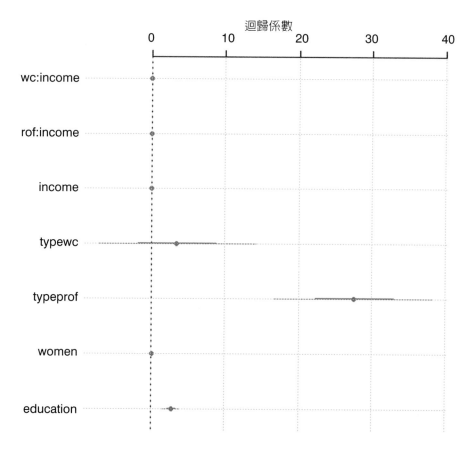

```
coefplot(out32,
         col.pts = "red", cex.pts = 1.5, main = " 迴歸係數 ")
```

》圖 3.7-2

比較兩個模型的共同變數（income、women 和 education）的係數，
如圖 3.7-3：

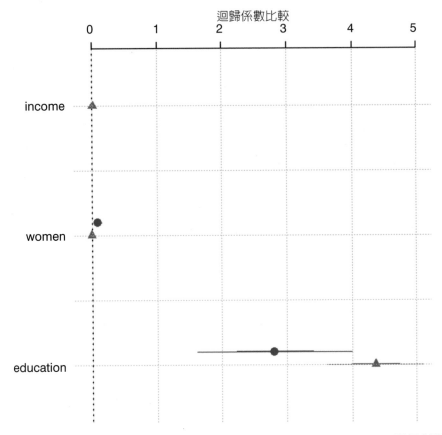

```
coefplot(out31, col.pts = "red", pch.pts = 17, cex.pts = 1.5, main = " 迴歸係數
比較 ")
coefplot(out32, add = TRUE, col.pts = "blue", pch.pts = 20, cex.pts = 2.5)
```
▶▶ 圖 3.7-3

　　圖 3.7-3 是一個重疊比較的圖形，有一點必須注意，就是當比較兩個
迴歸模型的估計結果時，兩個模型解釋變數的順序必須一樣。例如，如果
out31 方程式中的 income + women 改成 women + income，就會抓錯。這
是套件比對字串功能沒有寫好，希望未來會修改，目前尚堪使用。

　　紅色三角形是簡單模型的結果 output31，添加互動控制變數是

output32，顯示為藍色圓形。這樣看起來，所得 (income) 和女性 (women) 很接近 0，教育程度 (education) 為正。這問題和資料刻度有關，見前述表 3.7-1，所得 (income) 的數值遠大於其他迴歸用的解釋變數。進一步處理，就是將資料用 scale() 函數標準化再重複上面的流程：

Prestige_scaled = data.frame(scale(Prestige[, -6]), type = Prestige$type)

用 Prestige_scaled 再來處理一次，係數比較如圖 3.7-4。

```
out31_scaled = lm(prestige ~ education + women + income,
                data = Prestige_scaled)
out32_scaled = lm(prestige ~ education + women + income*type,
                data = Prestige_ scaled)
```

　　R 語言中的迴歸係數視覺化多半是限定 lm 和 glm，此處介紹的 arm::coefplot 尚支援貝式的 BUGS。另一個常用的是 coefplot::coefplot，但是筆者寫作時，此套件尚不能疊加顯示比較模型。不過其所顯示的結構，比 arm::coefplot 略有美感。

　　還有一個 tidyverse 的工具，只是所需套件有 3 個，雖然只需要載入一個 jtools。語法如下，讀者執行就會知道差異[4]：

```
library(jtools)
#library(broom), library(broom.mixed)
plot_summs(out31)
plot_summs(out32)
plot_summs(out31, out32)
plot_summs(out31, out32, omit.coefs = rownames(coef(summary(out32)))[c(4,
5, 7, 8)])
```

---

[4]　更多內容，請參考 https://cran.r-project.org/web/packages/jtools/vignettes/summ.html，或 Google 搜尋 "Tools for summarizing regression models r"。

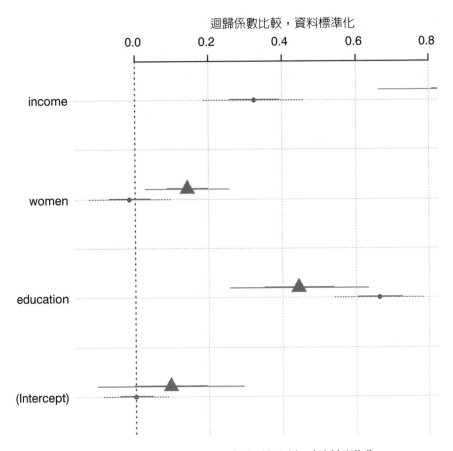

coefplot(out31_scaled, main = "迴歸係數比較, 資料標準化"
        col.pts = "blue", pch.pts = 20, cex.pts = 1.5)
coefplot(out32_scaled, **add = TRUE**, col.pts = "red", pch.pts = 17, cex.pts
= 2.5)

▶▶圖 3.7-4

jtools 支援了很多模型：lm、glm、svyglm（調查）、merMod（lme4
多層次）與 rq（分量迴歸 quantreg）。除了迴歸結果視覺化，表格的處理
也是一大特色。請參考註腳 4 的網頁說明。

3.7-2　迴歸資料視覺

　　原始散布資料和迴歸的條件期望值放在一個圖框，比較能解讀。同時也可以利用 text() 功能，把迴歸方程式係數配上係數和標準差，如圖 3.7-5。先載入資料，執行迴歸，定義係數物件，如下：

```
data(Prestige, package = "carData")
out<- lm(prestige ~ education, data = Prestige)
COEF = round(coef(summary(out)), 2)
```

　　在執行這類功能時，要注意標準差的位置。

3.7-3　多種設定績效比較

　　我們往往會面臨多種結果的比較，以下是模擬比較 21 種方法預測能力的結果，我們以每個方法訓練 23 種模型，然後比較 21 種模型的 23 次多步預測表現，以 MAE (Mean Absolute Error) 為預測正確度。估計方法分成傳統 ARIMA 時間序列和目前流行的機器學習和深度學習 (LSTM)。細節不談，這些邏輯都可以應用到多個國家、都市、產業和投資組合等等。

　　我們先載入資料：**load("data/FCST_MAE.RData")**。

　　資料與物件名稱相同，都是 FCST_MAE，我們先使用 melt 將資料變為長表 (long table)：

```
performance = reshape2::melt(FCST_MAE)
```

　　讀者請在 R 的環境自行檢視 performance 的形態，如表 3.7-2。

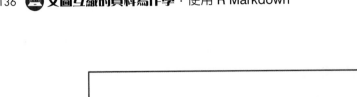

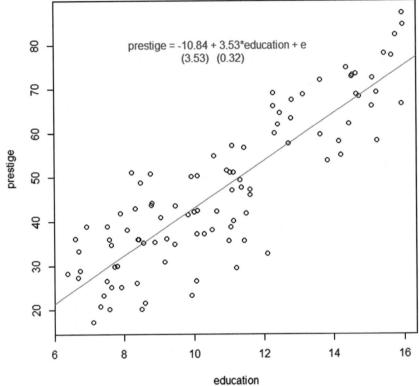

```
plot(Prestige$prestige ~ Prestige$education, ylab = "prestige", xlab =
    "education")
text(8, 80,
paste0("prestige = ", COEF[1, 1], " + ", COEF[1, 2], "*education + e"),
        col = "blue", pos = 4)
text(9.5, 77, paste0("(", COEF[1, 2], ")"), col = "blue", pos = 4)
text(10.5, 77, paste0("(", COEF[2, 2], ")"), col = "blue", pos = 4)
abline(out, col = "red")
```

▶▶圖 3.7-5

▶表 3.7-2

Var1	Var2	value
1	sARIMA	0.9545971113409222
2	sARIMA	1.07
3	sARIMA	1.07
4	sARIMA	1.07
5	sARIMA	1.07
6	sARIMA	1.07
...	...	...
18	autoML	0.30290784400446
19	autoML	1.18245151584787
20	autoML	0.310031035491617
21	autoML	1.26252282082806
22	autoML	0.364114519107938
23	autoML	0.618939404487623

　　最後就是如圖 3.7-6，將每個方法 (Var2) 的訓練結果 (value) 用盒鬚圖呈現出來。用盒鬚圖呈現原始數據也是一種觀看資料分布的好方法，可以檢視離群值的狀況。

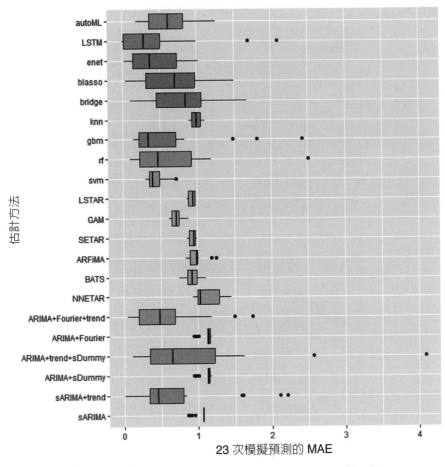

```
ggplot(performance, aes(y = Var2, x = value, fill = Var2)) +
  geom_boxplot() +
  xlab("23 次模擬的 MAE") +
  ylab(" 模型 ") +
  theme(legend.position = "none")
```

▶▶圖 3.7-6

根據上述結果，我們可以依照平均數 (mean) 排序，程式如下：

```
DF0 = data.frame(Models = colnames(FCST_MAE),
                    MAE = round(apply(FCST_MAE, 2, mean), 4))
rownames(DF0) = NULL

DF = DF0[order(DF0[, 2]), ] 排序
```

再區分機器學習方法，有助於我們標註，易於比較：

```
ML.start = which(colnames(FCST_MAE) == "svm")
ML.end = which(colnames(FCST_MAE) == "autoML")
marked = colnames(FCST_MAE)[ML.start:ML.end]

markedColor = c("orange") 指定標註顏色
```

用 ggplots 製作圖 3.7-7，如下程式，所需套件還有 forcats，隨書附帶的程式有標明載入：

```
ggplot(DF, aes(x = eval(parse(text = "MAE")),
            y = fct_reorder(Models, eval(parse(text = "MAE")), .desc =
            TRUE))) +
    geom_segment(
      aes(x = 0, y = fct_reorder(Models, eval(parse(text = "MAE")), .desc =
          TRUE), xend = eval(parse(text = "MAE")),
          yend = fct_reorder(Models, eval(parse(text = "MAE")), .desc = TRUE)),
      color = ifelse(DF$Models %in% marked, markedColor, "grey"),
      size = ifelse(DF$Models %in% marked, 1.2, 0.7)
                    ) +
    geom_point(color = ifelse(DF$Models %in% marked, markedColor,
                "grey"), size = ifelse(DF$Models %in% marked, 2, 1)) +
    labs(x = "MAE 平均 ", y = " 估計方法 ", title = " 模擬預測 ", subtitle =
                NULL, caption = "" ) +
    theme_minimal()  +
```

geom_text(aes(label = eval(parse(text = "MAE"))), hjust = -.5) +
theme(panel.border = element_blank())

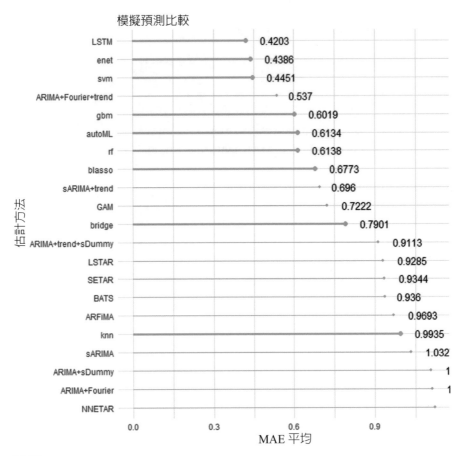

▶️ 圖 3.7-7

由圖 3.7-7 可以發現深度學習 LSTM、enet 與 svm 預測表現是最好的
三個演算法。傳統時間序列也有不錯表現，只是大致上並不理想。

附錄

A1 儲存圖形

　　這裡說明存取二維圖形的技巧，3D 圖的儲存在本章第 3 節有說明。R 軟體易用於許多繪圖的環境中，圖形的存取一般可以在獨立圖文框左上角執行，如下圖 3.A-1 所示：

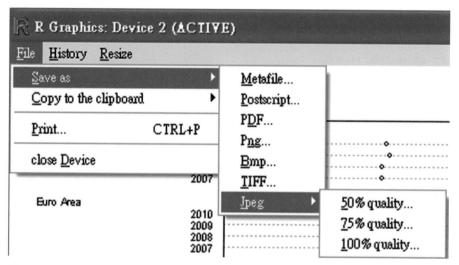

▶️圖 3.A-1

　　如果要利用程式儲存時，圖文框就不會打開，會直接存檔。R 提供的圖形輸出有許多格式：

postscript()
pdf()
jpeg()
png()
bmp()
tiff()

使用方法很簡單，假設我們要將某直方圖 hist(x) 存成 png 格式，檔名為 myhist.png：

第 1 步：宣告路徑與檔名 png("./MyPlots/myhist.png")
第 2 步：hist(x)
第 3 步：dev.off()

也就是在要存的圖前後，各執行一行就可以，相當簡單。不管使用哪一種格式設備，畫完後，一定要執行第 3 步將這個 device 關起來。

A2 繪圖函數 plot()

對於繪圖，函數 plot() 是最關鍵的函數。之後，我們會時常看見函數內有許多參數的宣告，我們先簡介如下：

Plotting symbols:	圖形符號
pch =	散布點的形狀（1 圓形，2 三角，3 ＋，4×。請用 **help**() 查細節）
cex =	字型大小倍數（＝1 和系統一樣；＝0.5 縮小一半）
col =	顏色（1 黑色，2 紅色，3 綠色，4 藍色，5 淺藍，6 粉紅。更多細節請用 **help**() 查）

Lines:	線條性質
lty =	線條種類（1 為實線，其餘為各種虛線。更多細節請用 **help**() 查）
lwd =	線寬倍數（1 為標準線寬，2 為兩倍）
col =	color（同上）

Axis limits:	軸的數值
xlim =	X 軸的極限值，使用 xlim = c(-10, 10) 宣告
ylim =	Y 軸的極限值，使用 ylim = c(-10, 10) 宣告
xaxs =	= "r"　X 軸的兩端值，再增加 4% 最為極值；若 = "i"，則是恰好依照資料

Axis annotation and labels:	軸的說明
cex.axis =	軸說明文字的放大倍數
cex.labels =	軸標籤文字的放大倍數
mgp =	margin line for axis title, axis labels, and axis line. 內建 mgp = c(3, 1, 0)

Graph margins:	圖框的邊界
mar =	內邊界 inner margins
oma =	外邊界 outer margins

Multiple graphs:	多張圖放在一個框框
mfrow = c(r, c)	把接下來的多張圖形，放在 r×c 的單一圖文框需要在 **par** 內使用
	例如，par(mfrow = c(3, 2)) 把接下來的六張圖放在 3×2 的單一圖框

　　本章介紹將有地理意義的資訊，透過地圖 (map) 呈現，例如：臺灣各縣市的失業率、美國各州的犯罪率。地圖的繪製有一些技術問題，主要是地圖的格式。可以由 Google Map，輸入經緯度取得地圖，這往往需要申請 API KEY，根據筆者了解，Google 這項服務在 2018 年之後需要付費。

　　使用地圖製作內容既專業又複雜，內容可大可小。細節可至行政單位的邊界、色彩和大小。有一個專業套件 sf，處理了很多細節，有興趣於此的讀者可以先去看看套件網站[1]。當然，對資料寫作來說，最重要的是數字標註，本章介紹的套件主要是 maps 和 gadm，直接拿畫好的地形檔 (shapefiles)，把對應數字顯示上去。

　　空間資料分析的很多套件陸陸續續宣告退役，例如，maptools、mapproj、rgdal 和 rgeos，都宣告在 2023 年 10 月後不再更新。詳細原因不詳，因為這些套件是支援 sf 的關鍵之一，應該是會整合進 library(sf) 內才對。

4.1　具有空間意義的資料集

　　我們利用美國 50 個州 2023 年的失業率，來說明另一種資料呈現的方式，這筆資料均來自 R 的 datasets，經過整理，添加區域。上述程式繪製的圖如下圖 4.1-1，Y 軸會自動排序，由此可知，Nevada 的失業率最高，Nebraska 等三州最低。

```
dat = read.csv("data/USAUnrate.csv")
```

---

[1]　https://r-spatial.github.io/sf/articles/.

y = dat [, 3]

name = dat[, "State"]

region = dat[, "Region"]

dotplot(reorder(name, y) ~ y, dat, xlab = "2023 美國失業率, %"))

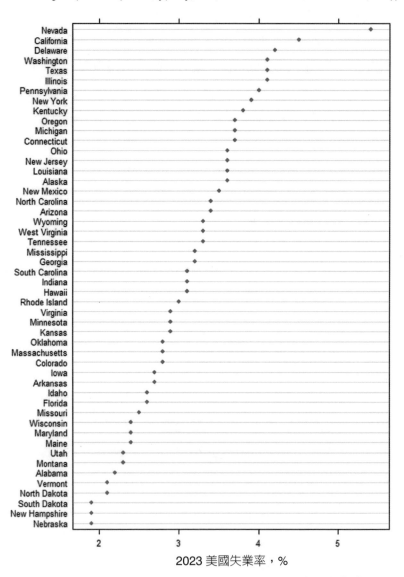

dotplot(reorder(name, y) ~ y, dat, xlab = "2023 美國失業率, %")

▶▶圖 4.1-1

　　以圖 4.1-1 為例，我們可以 3% 的失業率為界，將上圖分成兩塊。先定義分隔的數字 b 和 shingles：

```
b = 3   # 定義 X 軸的分界點數值
cuts = shingle(y, intervals = rbind(c(0, b), c(b, max(y))))
```

接下來同上，繪製圖 4.1-2。

　　再進一步，我們想將上述資訊依照各州所屬的地理區塊來呈現資料，結果如圖 4.1-3。

　　最後，我們將各州資料呈現在美國地圖。地圖繪製較為複雜，需要更多的經緯度資訊，有興趣畫全球地圖的讀者，可以研讀套件 map 內的祕笈。

　　程式處理如下：

```
state.info = data.frame(name = state.name,
                        long = state.center$x,
                        lat = state.center$y, y = y)


library(maps)
state.map = map("state", plot = FALSE, fill = FALSE)
panel.3dmap = function(..., rot.mat, distance, xlim, ylim, zlim,
                       xlim.scaled, ylim.scaled, zlim.scaled) {
          scaled.val = function(x, original, scaled) {
            scaled[1] + (x - original[1]) * diff(scaled) / diff(original)
          }
          m = ltransform3dto3d(rbind(scaled.val(state.map$x, xlim,
               xlim.scaled), scaled.val(state.map$y, ylim,
          ylim.scaled), zlim.scaled[1]), rot.mat, distance)
            panel.lines(m[1, ], m[2, ], col = "grey76")
          }
```

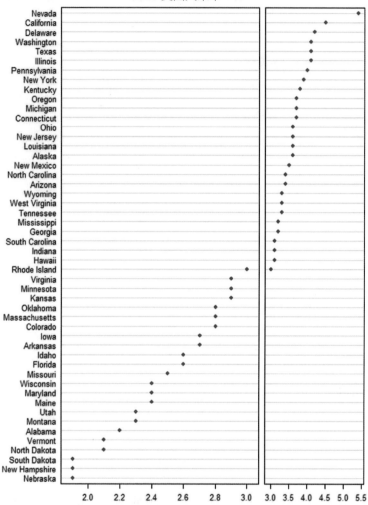

```
dotplot(reorder(name, y) ~ y | cuts, dat,
        strip = FALSE, layout = c(2, 1), levels.fos = 1:50,
        scales = list(x = "free"), between = list(x = 0.5),
        main = "2023 美國失業率, %", xlab = "",
        par.settings = list(layout.widths = list(panel = c(2, 1))), col = "blue")
```

▶▶圖 4.1-2

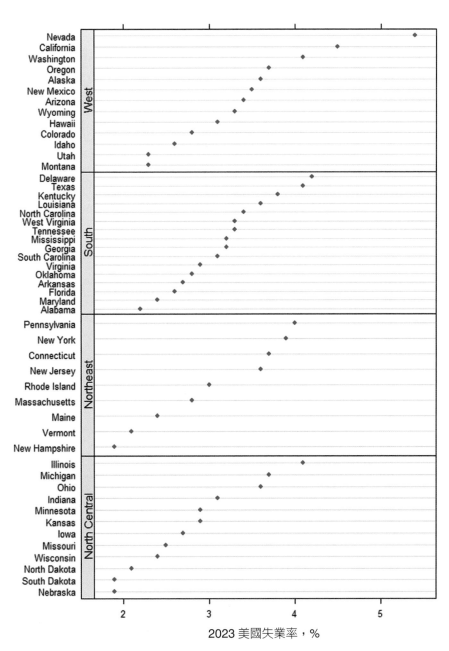

2023 美國失業率，%

▶▶ 圖 4.1-3

　　本節初步介紹了 lattice 的 cloud 函數和 map 的整合應用，這個部分技術上有一些困難，但是，只需要資料和地理單位對應上就可以使用。圖 4.1-4 提供一種鳥瞰效果，例如：內陸的失業率較低、東西岸的失業率相對偏高。

　　接下來，我們來詳細解說地圖製作的工具。因為空間資料科學發展蓬勃，套件和格式眾多，本章擇其簡要，以 maps 和 gadam 為主介紹原理。

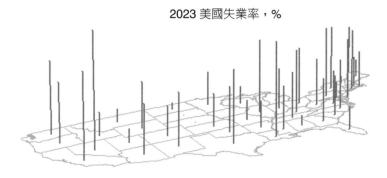

2023 美國失業率，%

```
cloud(y ~ long + lat, state.info, main = "2023 美國失業率, %", col = "red",
    subset = !(name %in% c("Alaska", "Hawaii")),
        panel.3d.cloud = function(...) {
        panel.3dmap(...)
        panel.3dscatter(...) },
    type = "h", scales = list(draw = FALSE), zoom = 1.2,
    xlim = state.map$range[1:2], ylim = state.map$range[3:4],
    xlab = NULL, ylab = NULL, zlab = NULL,
    aspect = c(diff(state.map$range[3:4])/diff(state.map$range[1:2]), 0.3),
    panel.aspect = 0.75, lwd = 2, screen = list(z = 30, x = -70),
    par.settings = list(axis.line = list(col = "transparent"),
    box.3d = list(col = "transparent", alpha = 0)))
```

》圖 4.1-4　用 cloud＋map 顯示美國各州失業率

4.2　套件 maps 的進一步內容

　　地圖是為了呈現數據。本節介紹套件 maps 地圖生成機制，我們先看下圖臺灣的範例。載入 library(maps) 和 library(mapdata) 之後，呼叫臺灣有兩種方法：

> library(maps)
> library(mapdata)

1. 宣告地理名稱，例如：map("world2Hires", "Taiwan")
2. 宣告經緯度，例如：map("world2Hires", xlim=c(118, 123), ylim = c(21.9, 26), col = "blue")

　　map() 是套件 maps 繪圖的功能，"world2Hires" 和 "world" 都是地圖資料庫，美國有一個專屬的資料庫 "states"，其餘的大國家，使用國名即可。以臺灣為例，圖 4.2-1(A) 與 (B) 分別是依照以上方法呼叫出的臺灣地圖。圖形對應的程式第二行，就是在主圖添加首都，capitals = 1 代表一級，後面中國大陸的例子會更清楚這個意義。利用經緯度宣告，比較可以決定周邊範圍，如圖 4.2-1(B)。

　　經緯度資訊可以這樣取得：

> >map("world2Hires", "Taiwan", plot = FALSE)$range
> [1] 118.27556 122.00219 21.90303 25.28417

　　前兩個數字 (118.27556, 122.00219) 就是 X 軸（經度），後兩個數字 (21.90303, 25.28417) 就是 Y 軸（緯度），如果調整數值，就可以呈現出圖 4.2-1(B) 的範圍。

　　接下來，我們利用臺灣氣象局監測站的氣溫數據，將之呈現在臺灣地圖，資料整理如下：

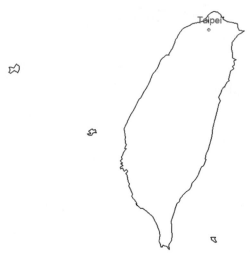

map('world2Hires', "Taiwan")
map.cities(country = "Taiwan", capitals = 1, col = "red", label = TRUE)

(A)

map("world2Hires", xlim = c(118, 123), ylim = c(21.9, 26), col = "blue")
map.cities(country = "Taiwan", capitals = 1, col = "red", label = TRUE)

(B)

▶圖 4.2-1

```
data<- read.csv("data/20230714_weather.csv")
y<- data$Temp
tm<- floor(499/(max(y)-min(y))*(y-min(y)) + 1)
usedCol<- heat.colors(500, rev = TRUE)[tm]
```

如圖 4.2-2(A)，標註對應監測站的氣溫。如果還要標註站名，可以照圖 4.2-2(B) 的作法，再用一次 text()。

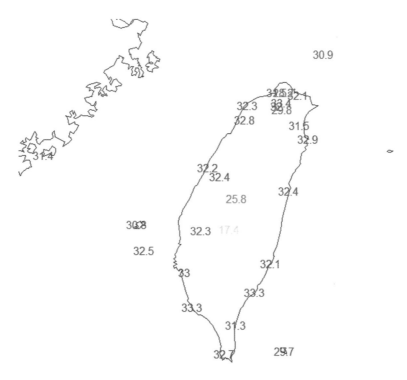

2023-07-14，12:30 各地溫度

```
map("world2Hires", xlim = c(118, 123), ylim = c(21.9, 26), col = "blue")
title(main = "2023-07-14, 12:30 各地溫度 ")
text(data$lon, data$lat, labels = data$Temp, col = usedCol)
```
(A)

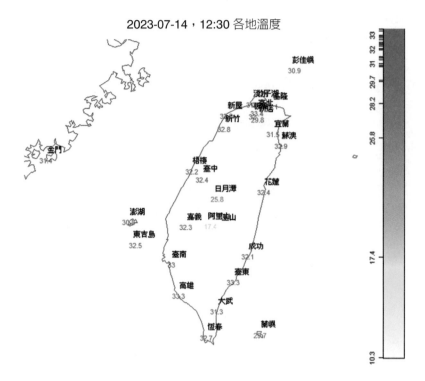

```
map("world2Hires", xlim = c(118, 123), ylim = c(21.9, 26), col = "blue")
title(main = "2023-07-14, 12:30 各地溫度 ")
text(data$lon, data$lat, labels = data$Temp, col = usedCol)
text(data$lon + 0.125, data$lat + 0.15, labels = data$locationName)
```
(B)

▶▶ 圖 4.2-2

　　圖 4.2-2(B) 插入的熱力圖柱，請參考附帶程式。因為需要做頁面
layout 設定和邊界 (par(mar = c(1, 1, 1, 1)))，此處就不詳說。

　　最後，圖 4.2-2(B) 顯示站名，同時也調整了顯示的座標，避免和溫度
顯示重疊。但是，北部就難以避免重疊問題了。

　　再下來就是利用中國大陸的例子顯示首都 (capitals = 1)、直轄市
(capitals = 2) 和省會 (capitals = 3)，如圖 4.2-3。

中國大陸

map("world2Hires", "China"); title(" 中國大陸 ")
map.cities(country = "China", **capitals = 1**, label = TRUE, col = palette())

(A)

中國大陸

map("world2Hires", "China"); title(" 中國大陸 ")
map.cities(country = "China", **capitals = 2**, label = TRUE, col = palette())

(B)

map("world2Hires", "China"); title(" 中國大陸 ")
map.cities(country = "China", **capitals = 3**, label = TRUE, col = palette())
(C)

▶圖 4.2-3

　　圖 4.2-3 呼叫的地圖資料庫是 "world2Hires"，沒有省的地理邊界。要邊界的話，就如圖 4.2-4 的作法。

　　雖然圖 4.2-4 有描出中國大陸省與省的邊界，但是，省的經社資訊卻不能對上。因爲這個套件對行政區描述的詳細程度還是以歐美國家和日本爲主，如圖 4.2-5(A)(B)，在 map 內是相當簡易的事。只要提供對應的數據，就可以呈現出來。

中國大陸

map("china"); title(" 中國大陸 ")

map.cities(country = "China", capitals = 1, label = TRUE, col = brewer.
pal(7, "Set1"))

(A)

中國大陸

map("china"); title(" 中國大陸 ")

map.cities(country = "China", capitals = 2, label = TRUE, col = c("red", "green", "blue"))

(B)

中國大陸

map("china"); title(" 中國大陸 ")
map.cities(country = "China", capitals = 3, label = TRUE, col =
palette("Accent"))

(C)

▶▶圖 4.2-4

美國河流分布

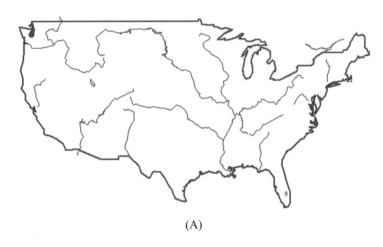

(A)

Italy 行政區上色

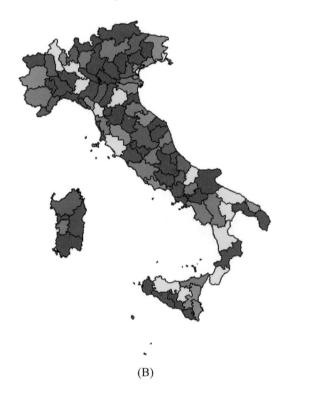

(B)

▶▶圖 4.2-5

　　圖 4.2-6 將美國各州的每萬人暴力衝突 (assault) 率放在美國地圖，取自 datasets 內建資料 USArrests 中美國 1973 年的犯罪數據。

　　資料清理如下：

第 1 步：定義地圖資訊為物件 x。

```
x<-map("state", plot = FALSE)
```

第 2 步：在 x 新增 **x$measure** 欄位，內容為犯罪數據。新增時需要比對 x$names 和 rownames(USArrests) 的一致性。所以，裡面有一個 *if* 條件。

```
for(i in 1:length(rownames(USArrests))) {
  for(j in 1:length(x$names)) {
    if(grepl(rownames(USArrests)[i], x$names[j], ignore.case = T))
      x$measure[j]<-as.double(USArrests$Assault[i])
  }
}
```

第 3 步：定義著色資訊。

```
sd<- data.frame(col = brewer.pal(7, "YlGnBu"),
                values = seq(min(x$measure[!is.na(x$measure)]),
                    max(x$measure[!is.na(x$measure)])*1.0001,
                    length.out = 7))
```

第 4 步：繪圖，如圖 4.2-6 所示。

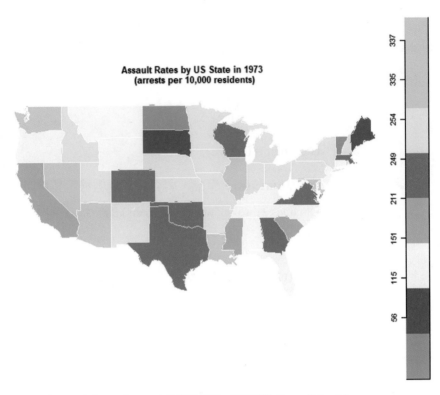

```
map("state", boundary = TRUE, fill = TRUE, lty = "blank",
        col = as.character(sd$col[findInterval(x$measure, sd$values)]))
map("state", col = "white", add = TRUE)
title("Assault Rates by US State in 1973 \n (arrests per 10,000 residents)",
line = 2)
```

▶圖 4.2-6

4.3　套件 geodata::gadm

　　gadm 是套件 geodata 的一個工具程式[2]，是一個很好用的工具，取得 shape file 數據也很簡單。我們下載臺灣 (TWN) level 2 的資料，也就是含馬祖等 22 縣市。以下三行是下載與儲存成 .rds 格式，便於日後用 readRDS 讀取再使用。

```
library(geodata)
Taiwan2 = geodata::gadm(country = "TWN", level = 2, path = tempdir())
terra::saveRDS(Taiwan2, file = "data/gadm/Taiwan2.rds")
```

　　臺灣的數據一共三層：0、1、2。要查詢行政層次，在 gadm 官網有資訊。如圖 4.3-1 指出，Taiwan2 內有兩個縣市字串：中文 (NL_NAME_2) 和英文 (NAME_2)，所以如下：

```
> Taiwan2
 class       : SpatVector
 geometry    : polygons
 dimensions  : 22, 14  (geometries, attributes)
 extent      : 116.71, 122.1085, 20.6975, 26.38542  (xmin, xmax, ymin, ymax)
 coord. ref. : lon/lat WGS 84 (EPSG:4326)
 names       :      GID_2 GID_0 COUNTRY    GID_1    NAME_1 NL_NAME_1   NAME_2
 type        :      <chr> <chr>   <chr>    <chr>     <chr>     <chr>    <chr>
 values      :  TWN.1.1_1   TWN  Taiwan  TWN.1_1    Fujian        福建   Kinmen
                TWN.1.2_1   TWN  Taiwan  TWN.1_1    Fujian        福建 Lienkiang
                TWN.2.1_1   TWN  Taiwan  TWN.2_1 Kaohsiung        高雄 Kaohsiung
         VARNAME_2  NL_NAME_2           TYPE_2 (and 4 more)
             <chr>      <chr>            <chr>
      Jīnmén Xiàn       金門縣             Xiàn
 Mǎzǔ Lièdǎo|Ma~       馬祖列島             Xiàn
      Gāoxióng Shì       高雄市  Zhíxiáshì
```

▶▶圖 4.3-1

　　我們將新生兒數據也對應產生英文，如表 4.3-1：

2　查閱國名，可以上官網：https://gadm.org/。

▶表 4.3-1　臺灣縣市新生兒數，2022 年

Region	Region.c	Total	Boy	Girl
New Taipei	新北市	21557	11204	10353
Taipei	台北市	14528	7458	7070
Taoyuan	桃園市	18205	9353	8852
Taichung	台中	17880	9324	8556
Tainan	台南市	8914	4665	4249
Kaohsiung	高雄市	16133	8380	7753

來源：內政部戶政司
https://www.ris.gov.tw/app/portal/346

　　一般這種資料會有問題，也會有些麻煩，就是 gadm 用「台」，但是內政部戶政司的人口統計資料用「臺」；所以，有一個好的方法是比對英文。英文縣市翻譯在內政部戶政司的英文版網站中，任取一個有 by counties 的都會有，但文字還是有出入；好在只有 22 筆，人工檢核還是簡單的。如果要長期使用的人，不妨建一個程式，置換資料表的中文較為簡便，類似美國犯罪資料。

```
for(i in 1:length(dat$Region.c)) {
  for(j in 1:length(Taiwan2$NL_NAME_2)) {
    if(grepl(dat$Region.c[i], Taiwan2$NL_NAME_2[j], ignore.case = T))
      Taiwan2$measure[j]<- as.double(dat$Total[i])
  }
}
```

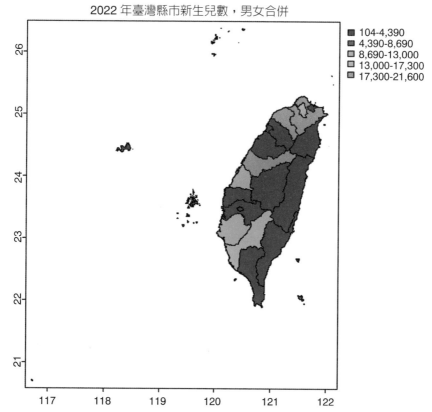

plot(Taiwan2, "measure", col.regions = rev(terrain.colors(Taiwan2$measure)),
　　main = "2022 臺灣縣市新生兒數, 男女合併 ")

》圖 4.3-2

　　圖 4.3-3 是 gadm level 1 繪製出的 2022 年中國大陸 GDP，可以當成作業練練手。隨書的附加檔案 "China_GDP.csv " 是從網站上取出的 GDP 數據，同樣地，利用臺灣圖 4.3-2 的技巧，整理對應名稱。

　　檢視 gadm 物件時，會發現很可怕的事，就是 China$NL_NAME_1 以 "|" 分隔先繁再簡，只有黑龍江是先簡再繁；還有一稱北京，一稱北京市；一稱浙江省，一稱浙江。這些都必須統一，方能用比對方式新增 GDP 資

料欄位。讀者有興趣可以練練文字處理的功力。

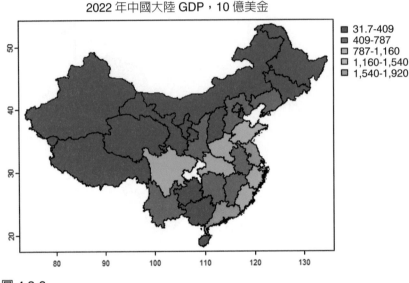

▶▶ 圖 4.3-3

　　在地圖填上相關經濟社會資訊，往往需要調色，這也是筆者認為最困難的地方，因為色彩好不好看是一回事，然而不能重複才是最關鍵的，並且數字不夠細，用熱力圖就顯得無區別力。除了第 2 章的色彩說明，還可以利用 R 主控台輸入：

colors()

螢幕會回傳 R 的色彩系列，可以慢慢試，試出心得就是收穫。

4.4　擷取衛星地圖

　　本章最後一節則介紹擷取 Google Map 或衛星地圖的方法，我們的案例是以倫敦為中心的空汙 PM10 之地理分布。先取得資料：

```
air<-read.csv("data/londonair_pm10_2023.csv")
```

這筆資料是由套件 openair 的函數提供，套件可以取得全歐觀測站的詳細數據，可惜無法連結臺灣。本節使用套件整理 171 個監測站的空汙數據，整理成 londonair_pm10_2023.csv 和 londonair_pm25_2023.csv，後者即是 PM 2.5 的指數。接下來的工作就是取出以倫敦為中心的地圖，然後把 PM 10 的數據標註上去。地圖需要的函數 GetMap 和 PlotOnStaticMap 都在 source("src/tools.R")。

第 1 步：取得衛星地圖。

```
london<-GetMap(center = c(51.51, -0.116), zoom = 6,
                destfile = "images/Figures/4.4-1.png",
                maptype = "satellite")
```

倫敦的中心經緯度是 c(51.51, -0.116)，外部資料有監測站的經緯度，大概差了 1 度。這個函數內的 zoom 就是拉近拉遠。zoom 值越小，地圖越細。依經驗，zoom 不要大過 10 大概就差不多了。這樣會產生一張圖，在工作環境命名為 london，如圖 4.4-1：

```
PlotOnStaticMap(london, cex = 1, pch = 19,
                lat = air$latitude, lon = air$longitude,
                col = as.character(air$color))
```

▶▶圖 4.4-1

　　我們依照 [0, 10), [10, 20), [20, 30), [30,) 區間，產生「綠、黃、橘、紅」顏色。可以見靠近倫敦有一處空汙大於 30，爲紅色，多數則是黃色。

　　圖 4.4-2 是設定 zoom = 9 的結果，以倫敦為中心的分布也更為清晰，但是很多監測站就不在這範圍。

》圖 4.4-2

圖 4.4-3 是取得美國 Manhattan 的衛星圖，讀者可以自行練習。

GetMap(center = c(40.714728, -73.99867), zoom = 14,
　　　　destfile = "images/Figures/4.4-3.png", maptype = "hybrid")

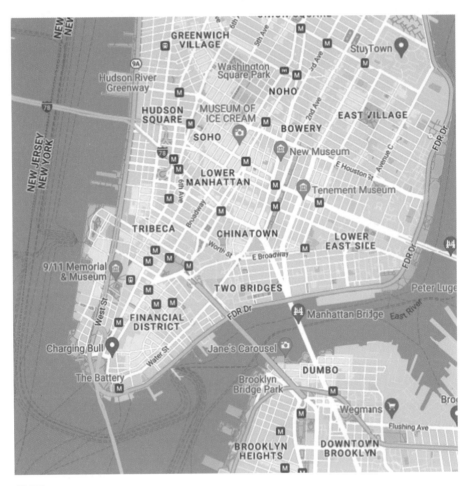

▶▶圖 4.4-3

　　套件 openair 對於這類空間數據，尚有雷達圖和等高圖的函數，如圖 4.4-4
和圖 4.4-5。綜觀這一節，取得地圖不是問題，主要是如何將數據投影上
去。只要有適當的空間數據，利用空間地圖呈現，對於資料敘事很有幫助。

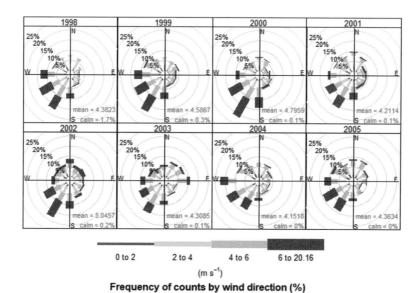

Frequency of counts by wind direction (%)

》圖 4.4-4

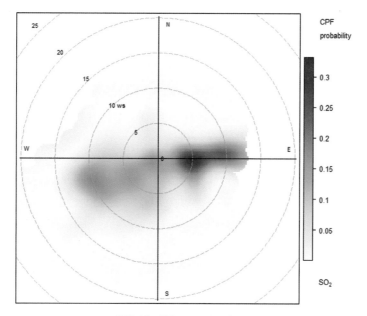

CPF at the 90th percentile (=9.2)

》圖 4.4-5

R Markdown 的動態
文件製作

文件就是微軟 Office 內稱為 Word 的軟體。如果文件需要對資料做圖表處理和統計分析，用 R Markdown 製作文件就是最佳選擇。如果是純文字，或相對於圖表計算，文字量占極大篇幅，那麼，如果有微軟的 Word 應該是最佳選擇，不需要再來用 R Markdown。R Markdown 是文章內容需要處理資料，也就是圖表和統計計算時，我們可以一氣呵成，且維持文本的可重製性與資料連動性。不需要用大量複製、貼上、插入圖表，還有啟動方程式編輯器。更重要的是，R Markdown 的使用時機是因為寫作是主要的工作，且寫作需要輔以資料串流與分析；如果是單純的寫大程式，應該用 R Script。

## 第 5 章

用 R Markdown 寫報告或論文

自周敦頤說「文，所以載道也」，後有「文以載道」一說。對資料科學家而言，「文以載道」就是資料寫作學：讓資料分析成為書寫，而不只是在表格上標註 1 顆星還是 2 顆星。資料書寫者 (data writers)，除了學術圈的研究人員，最大宗的應該是記者、自由撰稿人與部落客。除了必須掌握統計原理，資料書寫人也要懂得正確分析結果，並透過文字傳遞。依據不同的工作環境，資料書寫人必須採取不同的溝通途徑，此時，分析結果嵌入可重製性文件 (reproducible documents) 就非常重要；在可重製性文件下，不但程式和文字交織而成動態文件，隨著資料更新，文件也自動更新。亦可以幫助在書寫過程直接加入分析說明，讓閱讀的人更容易理解統計分析的技術細節。這樣的工作如果用 Word 來做，就是大量的複製貼上再複製貼上。

R Markdown 就是為了這個目的所開發的整合工具。編輯 R Markdown 可以直接在 RStudio 當中進行，在寫 R Code 分析數據的同時，也在撰寫分析報告，不需要在不同的軟體中進行切換，上手相當容易。

不過，使用 R Markdown 的狀況是書寫為主、資料處理為輔較為適宜。如果演算規模很大，涉及到模擬或平行運算，將演算嵌入 Markdown 不是一件好事；反而獨立去使用 R Script 完成計算、儲存結果，然後用 R Markdown 以圖或表的方式讀取，較為適宜。畢竟，若每次編織文件都要大規模算個 30 多分鐘，工作流程明顯不當。

R Markdown 的資料書寫分成兩種形式：單篇文章與書。輸出格式可以是 HTML、PDF 和 Word 三種。技術上，還可以區分成「部落文、簡報和儀表版」。本章以單篇文章開始介紹獨立的 .Rmd 檔案內容的環境設定。

理論上使用 R Markdown 需要 3 個套件：

```
install.packages("rmarkdown")
install.packages("knitr")
install.packages("rticles")
```

其中 "rticles" 是學術期刊的樣式模板 (style template)。呼叫模板，可以省略不少樣式 (style) 設定問題，後面會詳談。

理論上，因為裝好 RStudio 時，應該都會代入為基本套件。反正在 RStudio 環境，有缺少的資源便會詢問裝設。

5.1　開啟 R Markdown

5.1-1　書寫方式與基礎環境設定

第 1 步：類似寫純 R 程式時要打開一個 R Script 一樣，我們也要先打開一個 R Markdown 的新文件。如圖 5.1-1：$\boxed{\text{File}}$ → $\boxed{\text{New File}}$ → $\boxed{\text{R Markdown...}}$。

圖 5.1-1 也呈現出作為 IDE 的 RStudio，可以支援的資料科學技術功能，包括演算型的 Python 和 C++、網頁的 CSS、D3 及 JavaScript 和 Quarto 等等。基本上，RStudio 走的是環繞 Shiny Web 打造的資料科學網站方向。

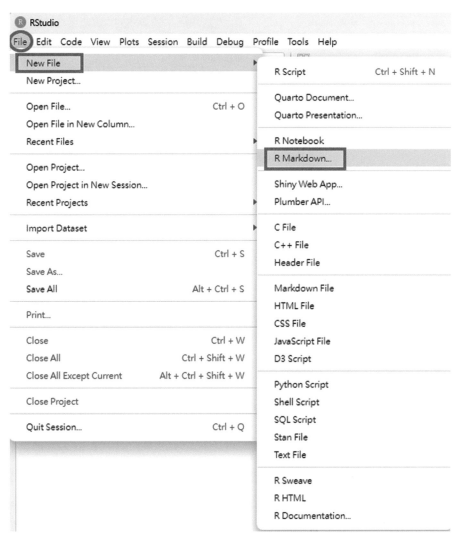

▶▶圖 5.1-1　作為 IDE 的 RStudio

　　第 2 步：進入圖 5.1-2，Title 就是文章名稱，筆者在此示範中隨意亂寫，讀者可自行輸入。

▶圖 5.1-2

　　如圖 5.1-2 的選項 HTML，建議採取這個格式，即便未來想切換輸出 PDF 或 Word 都可以輕易切換。因為 Markdown 技術在設計之初的輸出格式就是 HTML，所以 HTML 不僅僅是最常用 R Markdown 輸出格式，同時也擁有豐富的功能。R Markdown 生成 HTML 文檔的過程有一個中間步驟，就是 Markdown + HTML 範本。HTML 範本包括預定義的文件結構、CSS Style 和 JavaScript 動態網頁功能等，所以最終 HTML 的一些功能並無法確定在 R Markdown 得到，必須依賴特定 HTML 範本才能實現。

　　第 3 步：由圖 5.1-2 按 OK 後，進入圖 5.1-3。圖 5.1-3 是一個範本檔，如果未來熟悉之後，每次只需打開空的 R Markdown 檔，接著按圖 5.1-2 左下角 Create Empty Document 即可。

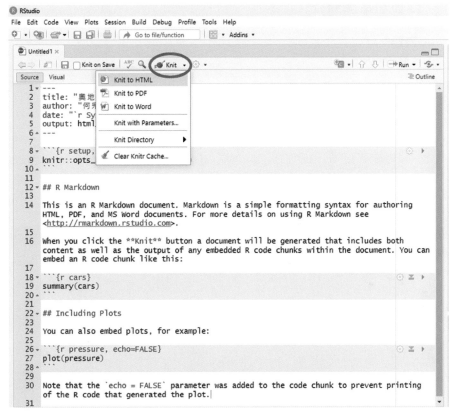

▶▶ 圖 5.1-3

　　在我們學習 R Markdown 之前，先將範本檔編織 Knit 輸出成 HTML 格式，這樣我們比較會了解 R Markdown 的意義。如圖 5.1-3 方式，在點選 Knit to HTML 之前，必須儲存。依照系統要求，輸入檔名，本例為 05.Rmd。

第 4 步：接下來 RStudio 會將 05.Rmd 輸出成 05.html，存在你的工作目錄，如圖 5.1-4 顯示。

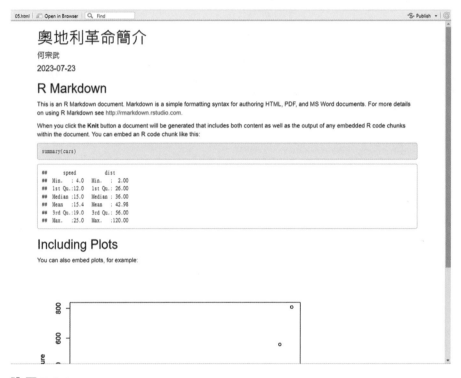

▶ 圖 5.1-4

Knit to PDF 會在工作目錄存成 05.pdf

Knit to Word 會在工作目錄存成 05.doc

如圖 5.1-2 解說所示，除了 HTML 格式，要順利輸出其餘兩種格式，電腦必須具備對應的設備。PDF 則須有完整的 LaTex 系統與中文字型，簡單的 Word 輸出只需要電腦有 MS-Office 即可，如果需要透過 R Markdown 輸出複雜的 Word 表格與樣式，就要使用在 R Markdown 內設定樣式[1]或呼叫 officedown。

最後，我們解釋剛剛產生的 05.Rmd 檔案，也就是如圖 5.1-5。

要創建一個 html_document，只需在 R Markdown 的開頭加入 YAML 樣式的環境資訊。

》圖 5.1-5

---

[1]　參考 https://bookdown.org/yihui/rmarkdown-cookbook/word-template.html 的 Word template 製作方式。

簡而言之，R Markdown 文件包含三大部分：

1. Front matter：YAML 語法開頭(YAML syntax header)，一般豐富文件(rich document) 包含 Header 跟 Body，例如：HTML。YAML 是個標準化語法，用來記錄訊息資料。在 .Rmd 內非必要，主要是提供更多彈性設定。

2. Code Chunks（程式區塊）

3. Text（內文）

　　YAML syntax header 就是圖 5.1-5 最上面用 --- 框起來的前 6 行內容，8-10 行是內建程式宣告，相對不可更動。

　　18-20 行是程式區塊，R 程式在裡面寫：

```{r}

```

　　{r} 是對 R 程式的整體控制，例如，除了教學型的文件，大多數分析報告在文件輸出時，都不需要顯示程式，只需要宣告 {r, echo = FALSE} 即可。

　　最後就是內文，內文就是其餘區塊，R Markdown 用 # 控制字體大小來區分標題層級，例如：

Main Section

2nd Level

3rd Level

　　圖 5.1-4 的內建文件沒有標號，只有用字體大小來區分。要對文件進行分節標號，須在 YAML 內修改控制命令，如下：

output:
　　html_document:
　　　　number_sections: true

見圖 5.1-6：

▶▶圖 5.1-6

修改過後，如圖 5.1-7：

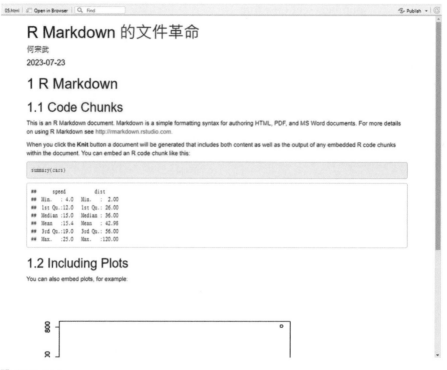

▶▶圖 5.1-7

　　圖 5.1-7 似乎有一些小問題，例如：文章的標題和作者要如何置中？有多個作者時如何輸入？第 1 層的標題也要置中，應該怎麼做？我們先看圖 5.1-8 的成果。

　　解決方案如圖 5.1-9 框起來的地方，也就是使用 HTML 語法，Markdown 的本質也是如此。所以，Markdown 文件的編輯，對於有網頁經驗的書寫者，學習門檻是很低的。MS-Word 本就可以打開或存成 HTML，所以這也完全沒有問題。讀者可以試一試輸出成 Word 會如何，除了編號會跑掉，其餘問題都不太大。

》圖 5.1-8

》圖 5.1-9

最後，如圖 5.1-5，R Markdown 預設的 YAML HTML 是：

output: html_document

html_document 對於圖表沒有自動編號功能，要啓動自動編號，就要選用：

output: html_document2

這時候，html_document 在圖 5.1-8 的層級編號會顯示成爲：

# Main Section	**0.1 Main Section**
## 2nd Level	0.1.1 2nd Level
### 3rd Level	0.1.1.1 3rd Level

所以，看起來 html_document 和 html_document2 有著不少魚與熊掌式的衝突。因此，對於編號，筆者建議單篇文章不要用 html_document2，最好的方法是一個簡單的 YAML。

```
---
title: "<center><h1> 第 5 章 R Markdown 的文件革命 </h1></center>"
output:
    html_document: default
    word_document:
    pdf_document:
---
```

然後，對於層級編號，直接手動，如下：

```
# 5.1
## 5.1-1
## 5.1-2
```

5.2

5.3

　　圖表編號的技巧，後面第 5.2 節會說明。R Markdown 是一個持續進步成長的套件，目前是有這樣的限制，未來一定會改變。而這些小問題，是因為單篇 Rmd 文檔需要呼叫更多版面功能時，往往必須借用 bookdown；但是，bookdown 的某些功能不適合單篇。

5.1-2　寫作模板

　　除了自己在 YAML 設定樣式，書寫時可以呼叫模板，就是圖 5.1-2 左邊第四項 **From Template**。有多少模板可以用？我們藉由圖 5.1-10 來導覽一下：

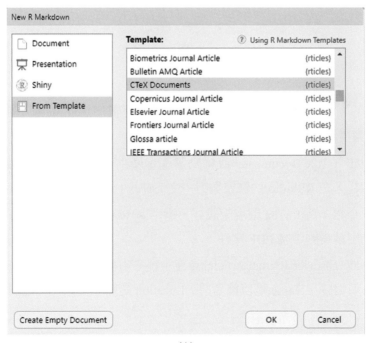

(A)

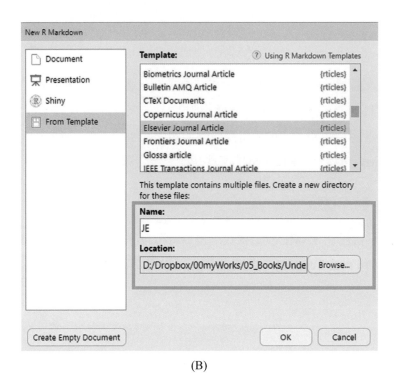

(B)

▶▶圖 5.1-10

如果 R 套件 rticles 已經裝置完畢，則會有很多 Template。圖 5.1-10 指出兩類模板：

(A)如 CTeX Documents 直接點選就會產生 .Rmd 檔案。自 2016 年起，在 RStudio 內輕鬆編輯中文 LaTex 已經可行，可以參考官網[2] 介紹，將 LaTex 環境架設好，選用 CTeX Documents 就可以套用出精美的中文 PDF 文件。

(B)如 Elsevier Journal Article 會產生很多附檔，因此就需要存在一個新目錄，Name 是目錄名稱，Location 是路徑位置，內建為當前工

---

[2]　https://www.latex-project.org/get/.

作目錄。此例以讀者準備要寫一篇以 JE (Journal of Econometrics) 樣式爲主的文章示範。

R Markdown 模板很多，有書商，如 Springer Journal Article；有學會，如 ASA (JASA)、Royal Statistical Society 和 American Economics Association 等等。圖 5.1-11(A) 以經濟學頂級期刊 *American Economic Review* 模板爲例，選擇後，產生的 Rmd 檔案之 YAML 排版樣式如圖 5.1-11(B) 前 30 行所示。

圖 5.1-11(C) 則是輸出後在資料夾 AER 產生的檔案群。

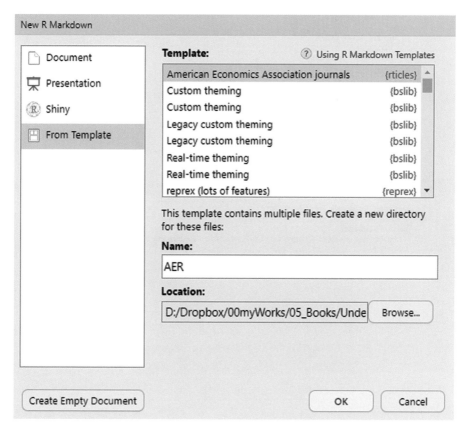

(A)

RStudio

File Edit Code View Plots Session Build Debug Profile Tools Help

Go to file/function • Addins ▾

AER.Rmd ×

Knit on Save Q Knit • ⚙ ▾ • ▾ Run ▾

Source Visual Outline

```
 1  ---
 2  title: "Is Thanos Invicible?"
 3  short: "A shorter title"
 4  journal: "AER" # AER, AEJ, PP, JEL
 5  month: "`r format(Sys.Date(), '%m')`"
 6  year: "`r format(Sys.Date(), '%Y')`"
 7  vol: 1
 8  issue: 1
 9  jel:
10    - A10
11    - A11
12  keywords:
13    - first keyword
14    - second keyword
15  author:
16    - name: Tony Stark
17      firstname: Avenger
18      surname: Anonymous
19      email: tonystark@example.com
20      affiliation: Some Institute of Technology
21    - name: Capitan America ca ca
22      firstname: Bob
23      surname: Security
24      email: bob@example.com
25      affiliation: Another Place
26  acknowledgements: |
27    Acknowledgements
28  abstract: |
29    Abstract goes here
30  output: rticles::aea_article
31  ---
32
33  American Economic Review Pointers:
34
35  \begin{itemize}
36  \item Do not use an "Introduction" heading. Begin your introductory material
```

46:49 (Top Level) ⇕   R Markdown

(B)

名稱 ︿	修改日期	類型	大小
aea.bst	2023/7/23 下午 07:49	BST 檔案	24 KB
AEA.cls	2023/7/23 下午 07:49	LaTeX Class	44 KB
AER.log	2023/7/23 下午 07:50	Text Document	15 KB
AER.pdf	2023/7/23 下午 07:50	Adobe Acrobat 文件	102 KB
AER.Rmd	2023/7/24 上午 09:44	RMD 檔案	3 KB
AER.tex	2023/7/23 下午 07:50	TeX Document	5 KB
BibFile.bib	2023/7/23 下午 07:49	BibTeX Database	0 KB
multicol.sty	2023/7/23 下午 07:49	LaTeX Style	26 KB
references.bib	2023/7/23 下午 07:49	BibTeX Database	0 KB
setspace.sty	2023/7/23 下午 07:49	LaTeX Style	22 KB

(C)

▶▶ 圖 5.1-11

　　由圖 5.1-11 可以知道，即便是要投稿專業學術期刊，在 R Markdown 只需要在 .Rmd 檔工作，它就會自行編輯排版，產生相關子檔。因為期刊 AER 是以 LaTex 為主，所以 R Markdown 會產生所有所需內容。

　　不一定是學術投稿，任何資料寫作者在撰寫一份論文或研究報告時，都可以依照自己喜歡的樣式去進行寫作；當然，參考多種 YAML 也可以自行定義。

　　避免流於瑣碎，R Markdown 入手就簡介到此。只要真正使用在工作流程中，不斷克服所面臨的問題，就會產生最佳學習曲線。R Markdown 的開發者謝益輝博士寫了不少關於使用 R Markdown 的工具書，最重要的就是 *R Markdown: The Definitive Guide* 和 *R Markdown Cookbook* 兩冊，網站上都可以找到電子書：

> ***R Markdown: The Definitive Guide***: https://bookdown.org/yihui/
> rmarkdown/
> ***R Markdown Cookbook***: https://bookdown.org/yihui/rmarkdown-
> cookbook/

遇到問題時，檢索這兩本書，絕大多數都能找到答案。依筆者經驗，
R Markdown 只需要掌握本書內容，進步之路就交給實戰和網路求解。

5.2 程式嵌入文本

R 程式區塊主要如下，上下包裹：

```{r}

```

裡面可以輸入任何的 R 程式，對於程式控制，由 {r options} 決定。
符號「`」在鍵盤左上方 Esc 鍵的下面。

接下來我們介紹寫 R Markdown 的一些基本技術，在 .Rmd 內，緊
接著 YMAL 的第一個程式區塊，是全檔共同的條件，例如，`echo =
TRUE`，意指顯示程式區塊的程式，如果 `echo = FALSE`，則只顯示指令
處理資料後的結果。

```{r}
knitr::opts_chunk$set(echo = TRUE)
```

R Markdown 不似 Word，有一些打字效果，必須透過特殊的方式指

定，如表 5.2-1。

▶️表 5.2-1　R Markdown 常用的內文打字技巧

效果	範例	輸出
文字上標	上標 ^ 因果分析 ^ 四字	上標^{因果分析}四字
文字下標	下標 ~ 因果分析 ~ 四字	下標_{因果分析}四字
文字刪除	~~ 因果分析 ~~	因果分析
斜體	* 因果分析 *	*因果分析*
粗體	** 因果分析 **	**因果分析**
粗斜體	*** 因果分析 ***	***因果分析***
編號	段落開頭：數字 . 空白	1. 2.
R 物件或變數	`` `mpg` ``	mpg
前文結束換新行	句尾兩個空白鍵 (space bar)+Enter	同 Word 按 Enter
字裡行間 R 程式	1 到 100 平均數 = `` `r mean(1:100)` ``	1 到 100 平均數 = 50.5
字裡行間 R 程式	cos(2π) = `` `r cos(2*pi)` ``	cos(2p) =1
字裡行間 R 程式	資料集 `` `mtcars` `` 變數 `` `mpg` `` 的標準差約是 `` `r sd(mtcars$mpg)` ``	資料集 mtcar 變數 mpg 的標準差約是 6.027

R 程式區塊	```` ```{r}
	mean(1:100)
	``` ````
		50.5

　　由表 5.2-1，字裡行間 R 程式只用一個 `` ` `` 和一個 r 字母，但是程式區塊，則是上下 3 槓 ``` ``` ```，再一個 {r}。

5.2-1　R 的程式區塊 Code chunks

我們透過程式去分析數據，最後是要獲得演算的幾個結果。因此，不論程式有多少行，結果也只有少數幾個需要呈現。因此，在 R Markdown 文本內，可以插入程式區塊。

程式區塊有幾種簡單用法，簡介如下：

1. 資料計算。

```{r}
summary(mtcars)
```

2. 迴歸估計，如下會顯示估計結果。

```{r}
summary(lm(mpg ~ cyl + disp, data = mtcars))
```

3. 插入資料繪圖，直接使用 R 的繪圖程式。

```{r}
plot(mtcars$disp, mtcars$mpg)
```

4. 插入圖片：使用套件 knitr 內的函數 include_graphics。

```{r, fig.cap = " 圖 5.2 R Logo.", fig.align = 'center' }
knitr::include_graphics("images/Figures/Rlogo.png")
```

　　如果輸出 Word，要注意 Word 不支持 fig.align 這一個選項。如前所說，要輸出 Word，有一些要件必須注意，可以從 officedown 這個套件來調節樣式看看。

5. 插入表格：使用套件 knitr 內的函數 kable。

```{r Table1, results = 'asis'}

library(knitr)
knitr::kable(mtcars)

```

```{r Table2}

library(knitr)
knitr::kable(mtcars)

```

　　上面兩個表格，Table1 有宣告 results = 'asis'，Table2 沒有宣告。最簡單的理解方式，就是在本章附檔的 0.5x.Rmd 編織一下。顧名思義，'asis' 就是 as it is，即載入數據的表格呈現，不做任何頁面美化，也就是根據頁面空間，調整長寬高讓顯示的表格看起來美觀順眼。內建是自動美化表格。

　　第 2 章介紹表格時的套件 **kableExtra** 對 LaTex Table 的處理，在 R Markdown 的表現極佳，我們簡要取幾個第 2 章的範例，如下表 5.2-2 到表 5.2-7。

　　不過，kableExtra 產生的表格，在輸出 Word 時，往往會出現問題。輸出 Word 時，最好的作法，還是使用 knitr::kable，不要使用 kableExtra::kbl。如果輸出 HTML，則都沒有問題。

▶表 5.2-2

```{r}
data(auto, package = "corrgram")
kableExtra::kbl(head(auto[, 1:6])) |>
    kable_styling(latex_options = "striped")
```

Model	Origin	Price	MPG	Rep78	Rep77
AMC Concord	A	4099	22	3	2
AMC Pacer	A	4749	17	3	1
AMC Spirit	A	3799	22	NA	NA
Audi 5000	E	9690	17	5	2
Audi Fox	E	6295	23	3	3
BMW 320I	E	9735	25	4	4

▶表 5.2-3

```{r}
kbl(head(iris, 5), booktabs = TRUE) |>
  kable_styling(font_size = 14)
```

Sepal.Length	Sepal.Width	Petal.Length	Petal.Width	Species
5.1	3.5	1.4	0.2	setosa
4.9	3.0	1.4	0.2	setosa
4.7	3.2	1.3	0.2	setosa
4.6	3.1	1.5	0.2	setosa
5.0	3.6	1.4	0.2	setosa

▶表 5.2-4

```
kbl(head(iris, 5), align = 'c', booktabs = TRUE) |>
    row_spec(1, bold = TRUE, italic = TRUE) |>
    row_spec(2:3, color = 'white', background = 'black') |>
    row_spec(4, underline = TRUE, monospace = TRUE) |>
    row_spec(5, angle = 45) |>
    column_spec(5, strikeout = TRUE)
```

Sepal.Length	Sepal.Width	Petal.Length	Petal.Width	Species
5.1	*3.5*	*1.4*	*0.2*	*setosa*
4.9	3.0	1.4	0.2	setosa
4.7	3.2	1.3	0.2	setosa
4.6	3.1	1.5	0.2	setosa
5.0	3.6	1.4	0.2	setosa

▶表 5.2-5

```
iris2<- iris[1:5, c(1, 3, 2, 4, 5)]
names(iris2)<- gsub('[.].+', '', names(iris2))
kbl(iris2, booktabs = TRUE) |>
 add_header_above(c("Length" = 2, "Width" = 2, " " = 1)) |>
 add_header_above(c("Measurements" = 4, "More attributes" = 1))
```

| Measurements | | | | More attributes |
| Length | | Width | | |
Sepal	Petal	Sepal	Petal	Species
5.1	1.4	3.5	0.2	setosa
4.9	1.4	3.0	0.2	setosa
4.7	1.3	3.2	0.2	setosa
4.6	1.5	3.1	0.2	setosa
5.0	1.4	3.6	0.2	setosa

▶表 5.2-6

```
iris[c(1:2, 51:54, 101:103), 1:4] |>
kbl(booktabs = TRUE)  |>
pack_rows(
index = c("setosa" = 2, "versicolor" = 4, "virginica" = 3))
```

	Sepal.Length	Sepal.Width	Petal.Length	Petal.Width
setosa				
1	5.1	3.5	1.4	0.2
2	4.9	3.0	1.4	0.2
versicolor				
51	7.0	3.2	4.7	1.4
52	6.4	3.2	4.5	1.5
53	6.9	3.1	4.9	1.5
54	5.5	2.3	4.0	1.3
virginica				
101	6.3	3.3	6.0	2.5
102	5.8	2.7	5.1	1.9
103	7.1	3.0	5.9	2.1

　　下例我們將 mtcars 資料重複 cbind(mtcars, mtcars)，讓它變成寬表格，這樣的結果直接顯示如表 5.2-7(A)，是一個擁擠的表。使用 scale_down 會把字體縮一下，呈現出較好的視覺效果。

▶表 5.2-7

(A) tab<- kbl(tail(cbind(mtcars, mtcars), 5), booktabs = TRUE)

	mpg	cyl	disp	hp	drat	wt	qsec	vs	am	gear	carb	mpg	cyl	disp	hp	drat	wt	qsec	vs	am	gear	carb
Lotus Europa	30.4	4	95.1	113	3.77	1.513	16.9	1	1	5	2	30.4	4	95.1	113	3.77	1.513	16.9	1	1	5	2
Ford Pantera L	15.8	8	351.0	264	4.22	3.170	14.5	0	1	5	4	15.8	8	351.0	264	4.22	3.170	14.5	0	1	5	4
Ferrari Dino	19.7	6	145.0	175	3.62	2.770	15.5	0	1	5	6	19.7	6	145.0	175	3.62	2.770	15.5	0	1	5	6
Maserati Bora	15.0	8	301.0	335	3.54	3.570	14.6	0	1	5	8	15.0	8	301.0	335	3.54	3.570	14.6	0	1	5	8
Volvo 142E	21.4	4	121.0	109	4.11	2.780	18.6	1	1	4	2	21.4	4	121.0	109	4.11	2.780	18.6	1	1	4	2

(B) kable_styling(tab, latex_options = "scale_down")

	mpg	cyl	disp	hp	drat	wt	qsec	vs	am	gear	carb	mpg	cyl	disp	hp	drat	wt	qsec	vs	am	gear	carb
Lotus Europa	30.4	4	95.1	113	3.77	1.513	16.9	1	1	5	2	30.4	4	95.1	113	3.77	1.513	16.9	1	1	5	2
Ford Pantera L	15.8	8	351.0	264	4.22	3.170	14.5	0	1	5	4	15.8	8	351.0	264	4.22	3.170	14.5	0	1	5	4
Ferrari Dino	19.7	6	145.0	175	3.62	2.770	15.5	0	1	5	6	19.7	6	145.0	175	3.62	2.770	15.5	0	1	5	6
Maserati Bora	15.0	8	301.0	335	3.54	3.570	14.6	0	1	5	8	15.0	8	301.0	335	3.54	3.570	14.6	0	1	5	8
Volvo 142E	21.4	4	121.0	109	4.11	2.780	18.6	1	1	4	2	21.4	4	121.0	109	4.11	2.780	18.6	1	1	4	2

Chunk options 類似 YAML 的條件，主要是控制程式區塊的訊息。例如，如果區塊畫圖，那圖形名稱標籤就是利用 fig.cap = ""，這類的宣告很多，也容易查詢。添加宣告，如下：

```
```{r my-chunk, echo = FALSE, fig.width = 10,
fig.cap = "This is a caption."}

plot(mtcars$disp, mtcars$mpg)

```
```

宣告的另一種寫法如下：

```
```{r}
#| my-chunk, echo = FALSE, fig.width = 10,
```
```

```
#| fig.cap = "This is a caption."

plot(mtcars$disp, mtcars$mpg)

```
```

最好，一行一個宣告，如：

```
```{r}
#| my-chunk,
#| echo = FALSE,
#| fig.width = 10,
#| fig.cap = "This is a long long long long caption."

plot(mtcars$disp, mtcars$mpg)

```
```

5.2-2　圖表的標號

　　如第 5.1 節所討論，在 html_document 的環境，圖表無法自動編號；使用 html_document2 時，它的自動編號形式又不是你要的。簡易的方法，就是直接處理。

　　圖的話，直接利用 fig.cap = 的宣告，如以下兩例：

```
```{r fig1, echo = FALSE, fig.width = 10, fig.cap = " 此圖無標號 ."}

plot(mtcars$disp, mtcars$mpg)
```
```

```
```{r fig2, echo = FALSE, fig.width = 10, fig.cap = " 圖 5.1 此圖有標號 ."}
```

```
plot(mtcars$disp, mtcars$mpg)
```

表的話，直接使用表格函數 kable() 內的 caption = ""，如下例：

```{r}
knitr::kable(head(mtcars), caption = " 表 5-1", align = "c")
```

其中 align = "c" 為置中宣告，表的編號，透過 caption = " 表 5-1" 顯示。

5.2-3　字裡行間的 R 程式 (Inline R Code)

字裡行間的 R 程式除了表 5.2-1 的範例，一個具連動性質的文字輸入可以如下：

第 1 步：使用程式區塊取得道瓊指數，並計算報酬率：

```{r, include = FALSE, echo = FALSE}

quantmod::getSymbols("^DJI")
y = diff(log(DJI[, "DJI.Close"]))*100

```

第 2 步：接著，內文語句可以用 R 的 ifelse，依條件決定要用哪一句。
　　　　 如下：

`r ifelse(y[end(y)]< = 0, " 昨日道瓊收黑 ", " 昨日道瓊收紅 .")`

從資料寫作學的角度，使用 R Markdown 不是用來取代 R Script，而是將寫作須用到的數據流程內化與自動化。

5.3　插入數學符號與方程式

方程式輸入對於寫學術文章應該很重要。R Markdown 在這方面繼承了 LaTex 的優美數學符號。R Markdown 內文中，字裡行間的方程式，用 $$ 包起來，方程式區塊，則用 $$ $$ 上下包覆。

5.3-1　字裡行間的方程式

在 Rmd 檔案內輸入：

Rmd：二元一次方程式的解是 \$x = \frac{-b \pm \sqrt{b^{2} - 4ac}}{2a}\$.

顯示：二元一次方程式的解是 $x = \dfrac{-b \pm \sqrt{b^2 - 4ac}}{2a}$

5.3-2　獨立方程式區塊

獨立方程式區塊在前後兩個 $$ 之間，還需要一上一下宣告數學符號的性質，例如：

```
$$
\begin{equation}

\end{equation}
$$
```

1. 方程式

Rmd：

```
$$
\theta^{*}|L^{*}, \delta^{2}, Y, \sigma^{2}_{u} \sim N\left(B^{-1}
W'L^{*}, \delta^{2}B^{-1} \right)
```

$$

顯示：$\theta^* \big| L^*, \delta^2, Y, \sigma_u^2 \sim N(B^{-1}W'L^*, \delta^2 B^{-1})$

2. 矩陣

Rmd：

$$
\begin{equation}
X_{m, n} =
\begin{pmatrix}
　x_{1, 1} & x_{1, 2} & \cdots & x_{1, n} \\
　x_{2, 1} & x_{2, 2} & \cdots & x_{2, n} \\
　\vdots & \vdots & \ddots & \vdots \\
　x_{m, 1} & x_{m, 2} & \cdots & x_{m, n}
\end{pmatrix}
\end{equation}
$$

顯示：$X_{m, n} = \begin{pmatrix} x_{1,1} & x_{1,2} & \cdots & x_{1,n} \\ x_{2,1} & x_{2,2} & \cdots & x_{2,n} \\ \vdots & \vdots & \ddots & \vdots \\ x_{m,1} & x_{m,1} & \cdots & x_{m,n} \end{pmatrix}$

　　獨立方程式區塊和字裡行間的方程式，差別在於獨立方程式區塊，可以編號。以上例矩陣，在 **\begin{equation}** 後面或次行添加 **\tag{1}** 即可，如：

\begin{equation}
\tag{1}

　　如果用 $$ 處理方程式，就是 $$ \tag{1}，R Markdown 自動在右邊端

點編號。隨書附檔有展示。自動編號在單獨的文檔不好處理，在 LaTex 內是沒問題的，交叉索引等都沒問題。所以，如果自我格式是 HTML 和 Word，建議在從事文章寫作時，用 \tag(#) 人工處理，會比較安全。缺點是 \tag 寫法無法自動索引，想要自動索引，要用 (\#eq:1)。請參考附檔 5.3_ Equation.Rmd 的寫法，並執行 Knitr 檢視。

雖然對於大型方程式，如上述矩陣，必須用 LaTex 宣告。輸出 Word/ HTML 時，如果沒有 \$\$ \$\$ 包覆，方程式的產生會失敗；但是，輸出 LaTex 時，多了 \$\$ 就會失敗。對於 LaTex 高手，可以完全使用 LaTex 方程式規則輸入。

方程式自動變號，是 bookdown 的完整功能，對於單獨的 R Markdown 文件，並不完善。不過 R Markdown 原先設計的對象，也是對於 HTML 標籤式文本比較熟悉，如果文件經驗只限於 MS-Word，要切換到 R Markdown 或許可先依照本書建議，剛開始的樣式越簡單越好，轉到 Word 再去修樣式。基本上，HTML 問題是最少的。

5.3-3　其他

製作迴歸表格時，如下例：

```
fit<- lm(mpg ~ cyl + disp + wt + hp, data = mtcars)
COEF<- coef(summary(fit))
```

COEF 呈現出來的是如表 5.3-1：

▶表 5.3-1

	Estimate	Std. Error	t value	Pr(>|t|)
(Intercept)	40.83	2.76	14.81	0
cyl	-1.29	0.66	-1.97	0.06
disp	0.01	0.01	0.99	0.33
wt	-3.85	1.02	-3.8	0
hp	-0.02	0.01	-1.69	0.1

如果我們要把迴歸係數置換為希臘符號，在 R 內就無法達成，必須使用 R Markdown。在 R Markdown 執行：

```{r}
vn = c("$\\beta_0$", "$\\beta_1$", "$\\beta_2$", "$\\beta_3$", "$\\beta_4$")
rownames(COEF)<- vn
kbl(COEF, digits = 2)  # 表 5.3-2
```

▶表 5.3-2

	Estimate	Std. Error	t value	Pr(>|t|)
β_0	40.83	2.76	14.81	0.00
β_1	-1.29	0.66	-1.97	0.06
β_2	0.01	0.01	0.99	0.33
β_3	-3.85	1.02	-3.80	0.00
β_4	-0.02	0.01	-1.69	0.10

　　Output format 不論是 HTML、Word、PDF 均可以保持。但是，要比較完美地輸出 Word，得研究一下 officedown，且需要設定 Word 樣式檔。要輸出 PDF 時，得了解 LaTex 的語法。畢竟，R Markdown 本質上是一個 Markdown，不是 LaTex，也不是 Word。要輸出成這兩種格式，在樣式上，需符合對方的要求。HTML 絕對沒問題。本章附錄會再討論另一種解決方案。

　　R 有一個套件 equatiomatic，提供函數 extract_eq 將 lm/glm/lmer 等三種模型的物件（承上例 fit），取出格式化的結果，如下：

```{r}
equatiomatic::extract_eq(fit)
```

在 R Markdown 即時顯示爲：

$$
\operatorname{mpg} = \alpha + \beta_{1}(\operatorname{cyl}) + \beta_{2}(\operatorname{disp}) + \beta_{3}(\operatorname{wt}) + \beta_{4}(\operatorname{hp}) + \epsilon
$$

```{r}
equatiomatic::extract_eq(fit, use_coefs = TRUE)
```

在 R Markdown 即時顯示爲：

$$
\operatorname{\widehat{mpg}} = 40.83 - 1.29(\operatorname{cyl}) + 0.01(\operatorname{disp}) - 3.85(\operatorname{wt}) - 0.02(\operatorname{hp})
$$

由上可知，equatiomatic::extract_eq() 是取出 LaTex 的方程式，輸出後的顯示如圖 5.3-1：

```
equatiomatic::extract_eq(fit)
```

$$mpg = \alpha + \beta_1(cyl) + \beta_2(disp) + \beta_3(wt) + \beta_4(hp) + \epsilon$$

```
equatiomatic::extract_eq(fit, use_coefs = TRUE)
```

$$\widehat{mpg} = 40.83 - 1.29(cyl) + 0.01(disp) - 3.85(wt) - 0.02(hp)$$

▶圖 5.3-1

在 Rmd 的作業中，透過 equatiomatic::extract_eq() 產生 LaTex 方程式物件，不需要將之獨立複製，貼在程式區塊中；輸出時會自動處理成方程式，唯在 Rmd 檔內，只能看到方程式寫法。要在 Rmd 內看到顯示出的方程式，就只能複製貼在區塊外。

5.3-4　常用 R Markdown 方程式

方程式的處理，用久了自然記得住，多看現有的，自然就會融會貫通。記得早年 Word 之前的文字編輯軟體是 WordPerfect，所用的方程式編輯器也是類似 LaTex 的輸入方式。其實，用久了，累積多了，複製貼上即可。有一個 Mathematics in R Markdown 網頁，可以參考其中的介紹：

https://rpruim.github.io/s341/S19/from-class/MathinRmd.html

分享筆者作法，獨立建立一個 Math.Rmd，儲存各式各樣的數學方程式，分成矩陣、代數、機率、統計和計量等等，方便自己複製小修改使用。下圖 5.3-2 是幾個常用的數學打字，完整內容在隨書附檔 0.5-2x.Rmd 中。

```
$$
\hat{\mathbb{E}}[Y \mid X = x] = X\hat{\beta}.
$$
```

$$
\hat{\mathbb{E}}[Y \mid X = x] = X\hat{\beta}.
$$

```
$$
\mathbb{E}[Y \mid X = x] = P(Y = 1 \mid X = x).
$$
```

$$
\mathbb{E}[Y \mid X = x] = P(Y = 1 \mid X = x).
$$

```
$$
Y \approx \beta_{0} + \beta_{1}X
$$
```

$$
Y \approx \beta_0 + \beta_1 X
$$

```
$$
y = \beta_0 + \beta_1x+ \epsilon
$$
```

$$
y = \beta_0 + \beta_1 x + \epsilon
$$

```
$$
\hat{y} = \hat{\beta}_{0} + \hat{\beta}_{1}x
$$
```

$$
\hat{y} = \hat{\beta}_0 + \hat{\beta}_1 x
$$

```
$$
C^B(x) = \underset{g}{\mathrm{argmax}} \ P(Y = g \mid X = x)
$$
```

$$
C^B(x) = \underset{g}{\mathrm{argmax}}\ P(Y = g \mid X = x)
$$

```
$$
\hat{C}(x) =
\begin{cases}
    1 & \hat{p}(x) > 0.5 \\
    0 & \hat{p}(x) \leq 0.5
\end{cases}
$$
```

$$
\hat{C}(x) = \begin{cases} 1 & \hat{p}(x) > 0.5 \\ 0 & \hat{p}(x) \leq 0.5 \end{cases}
$$

```
$$
\log\left(\frac{p(x)}{1 - p(x)}\right) = \beta_0 + \beta_1 x_1 +
\beta_2 x_2 + \cdots  + \beta_p x_p.
$$
```

$$
\log\left(\frac{p(x)}{1 - p(x)}\right) = \beta_0 + \beta_1 x_1 + \beta_2 x_2 + \cdots + \beta_p x_p.
$$

```
$$
p(x) = \frac{1}{1 + e^{-(\beta_0 + \beta_1 x_1 + \beta_2 x_2 + \cdots  +
\beta_p x_p)}} = \sigma(\beta_0 + \beta_1 x_1 + \beta_2 x_2 + \cdots  +
\beta_p x_p)
$$
```

$$
p(x) = \frac{1}{1 + e^{-(\beta_0 + \beta_1 x_1 + \beta_2 x_2 + \cdots + \beta_p x_p)}} = \sigma(\beta_0 + \beta_1 x_1 + \beta_2 x_2 + \cdots + \beta_p x_p)
$$

```
$$
\sigma(x) = \frac{e^x}{1 + e^x} = \frac{1}{1 + e^{-x}}
$$
```

$$
\sigma(x) = \frac{e^x}{1 + e^x} = \frac{1}{1 + e^{-x}}
$$

```
$$
\hat{\beta}_0 + \hat{\beta}_1 x_1 + \hat{\beta}_2 x_2 + \cdots +
\hat{\beta}_p x_p
$$
```

$$\hat{\beta}_0 + \hat{\beta}_1 x_1 + \hat{\beta}_2 x_2 + \cdots + \hat{\beta}_p x_p$$

```
$$
P(Y = k \mid { X = x}) = \frac{e^{\beta_{0k} + \beta_{1k} x_1 + \cdots + +
\beta_{pk} x_p}}{\sum_{g = 1}^{G} e^{\beta_{0g} + \beta_{1g} x_1 +
\cdots + \beta_{pg} x_p}}
$$
```

$$P(Y = k \mid X = x) = \frac{e^{\beta_{0k} + \beta_{1k} x_1 + \cdots + + \beta_{pk} x_p}}{\sum_{g=1}^{G} e^{\beta_{0g} + \beta_{1g} x_1 + \cdots + \beta_{pg} x_p}}$$

```
$$
SE_{B(\hat{\alpha})} = =
\sqrt{\frac{1}{B-1}\sum_{r=1}^{B}\left(\hat{\alpha}^{*r} -
\frac{1}{B}\sum_{r'=1}^{B}\hat{\alpha}^{*r'}\right)^2}
$$
```

$$SE_{B(\hat{\alpha})} = \sqrt{\frac{1}{B-1}\sum_{r=1}^{B}\left(\hat{\alpha}^{*r} - \frac{1}{B}\sum_{r'=1}^{B}\hat{\alpha}^{*r'}\right)^2}$$

```
$$
\mathrm{RSS}=\sum_{j=1}^{J}\sum_{i{\in}R_j}^{}(y_i - \hat{y}_{R_j})^2
$$
```

$$\mathrm{RSS}=\sum_{j=1}^{J}\sum_{i\in R_j}(y_i - \hat{y}_{R_j})^2$$

▶▶ 圖 5.3-2

5.4　其餘編輯功能

5.4-1　製作文獻與目錄

使用過 Endnotes 的讀者，對於文獻資料庫應該不陌生。學術寫作最重要的一環，就是研究議題的其他看法。在 R Markdown 的環境，完成這件事，只需要使用一個副檔名為 .bib 的純文字檔（auxiliary file，輔助檔），在這個純文字輔助檔依照樣式將文獻完整地記錄即可。

在 R Markdown 內，最佳的文獻輔助檔樣式就是基於 LaTex 的兩個：.bib (BibLaTeX) 和 .bibtex (BibTeX)。如果需要其餘樣式，如 JSON，可以參考 pandoc 的網站[3]。接下來，我們一步一步介紹。

第 1 步：在 Rmd 工作目錄，新增一個文字檔 references.bib，這個動作可以由圖 5.1-1 倒數第 4 個選項 Text File 進行，然後存成 references.bib。

第 2 步：在 YAML 填寫 bibliography: references.bib，也就是 R Markdown 文件最上面的 YAML，會長得像這樣：

```
---
title: "<center><h1> 第 5 章 R Markdown 的文件革命 </h1></center>"
output:
    html_document:
        fig_caption: yes
    word_document: default
    pdf_document:
editor_options:
    markdown:
        wrap: 72
```

3　https://pandoc.org/MANUAL.html#citations.

```
always_allow_html: yes
bibliography: references.bib
biblio-style: "apalike"
---
```

上面最後一行，是指文末輸出的 References 列表，參考美國心理學會 APA 的樣式。

如果有管理文獻的習慣，可以做文獻分類，例如，一類是書，一類是期刊文章，分別命名為 book.bib 和 journal.bib。因此，你的 YAML 可以這樣處理：

```
bibliography: ["book.bib", " journal.bib"]
```

如果有路徑，可以這樣處理：

```
bibliography: "../myRef/references.bib"
```

references.bib 內的寫法，依照 R Markdown 定義的分類，如下例，書和文章是分開的。book 和 article 分別指書和期刊，Manual 指 R 套件，inCollection 屬於書，但特指出版商的某系列，如 Springer 的 UseR! 系列；字母大小寫皆可。以下舉幾種範例，包含了多作者、單作者、缺日期，以及完整資訊等等：

```
@book{knitr2015,
    title = {Dynamic Documents with {R} and knitr},
    author = {Yihui Xie},
    publisher = {Chapman and Hall/CRC},
    address = {Boca Raton, Florida},
    year = {2015},
    edition = {2nd},
```

```
    note = {ISBN 978-1498716963},
    url = {https://yihui.org/knitr/},
}

@InCollection{knitr2014,
    booktitle = {Implementing Reproducible Computational Research},
    editor = {Victoria Stodden and Friedrich Leisch and Roger D. Peng},
    title = {knitr: A Comprehensive Tool for Reproducible Research in {R}},
    author = {Yihui Xie},
    publisher = {Chapman and Hall/CRC},
    year = {2014},
    note = {ISBN 978-1466561595},
}

@book{grolemund_r_nodate,
    title = {R Markdown: The Definitive Guide},
    shorttitle = {R {Markdown}},
    url = {https://bookdown.org/yihui/rmarkdown/},
    urldate = {2021-02-17},
    author = {Grolemund, J. J. Allaire, Garrett, Yihui Xie},
}

@book{ggplot2,
    author = {Hadley Wickham},
    title = {ggplot2: Elegant Graphics for Data Analysis},
    publisher = {Springer-Verlag New York},
    year = {2016},
    isbn = {978-3-319-24277-4},
    url = {https://ggplot2.tidyverse.org},
}
```

@book{Baltagi2013,

　　title = {Econometric analysis of panel data},

　　shorttitle = { },

　　url = { },

　　urldate = { },

　　publisher = {John Wiley & Sons, Inc.},

　　year = {2013},

　　edition = {4th},

　　author = {B. H. Baltagi},

}

@article{Amat2018,

　　title = {Fundamentals and exchange rate forecastability with simple
　　　　　　machine learning methods},

　　volume = {88},

　　copyright = {},

　　issn = {},

　　url = {},

　　doi = {},

　　language = {en},

　　number = {},

　　urldate = {2015-08-27},

　　journal = {Journal of International Money and Finance},

　　author = {C. Amat, T. Michalski and G. Stoltz},

　　year = {2018},

　　keywords = {},

　　pages = {1--24},

```
}

@article{correa_2009,
    title = {Comparison of three diagrammatic keys for the quantification of
            late blight in tomato leaves},
    volume = {58},
    copyright = {© 2009 The Authors. Journal compilation © 2009 BSPP},
    issn = {1365-3059},
    url = {http://onlinelibrary.wiley.com/doi/10.1111/j.1365-
            3059.2009.02140.x/abstract},
    doi = {10.1111/j.1365-3059.2009.02140.x},
    language = {en},
    number = {6},
    urldate = {2015-08-27},
    journal = {Plant Pathology},
    author = {Corrêa, F. M. and Bueno Filho, J. S. S. and Carmo, M. G. F.},
    year = {2009},
    keywords = {Phytophthora infestans, Solanum lycopersicum, disease
                assessment, disease severity},
    pages = {1128--1133},
}

@Manual{R-stringr,
    title = {stringr: Simple, Consistent Wrappers for Common String
            Operations},
    author = {Hadley Wickham},
    year = {2022},
    note = {R package version 1.5.0},
    url = {https://CRAN.R-project.org/package=stringr},
}
```

Manual 是 R 套件，對於 R 套件，可以在主控台使用 citation() 取得寫法，例如，上例 stringr 就是在主控台使用指令 citation("stringr") 取得，如下：

> >citation("stringr")

在出版品中使用程式套件時參照 'stringr'：

Wickham H (2022). _stringr: Simple, Consistent Wrappers for Common String Operations_. R package version 1.5.0, <https://CRAN.R-project.org/package=stringr>.

LaTeX 的使用者的 BibTeX 條目是：

```
@Manual{,
    title = {stringr: Simple, Consistent Wrappers for Common String
        Operations},
    author = {Hadley Wickham},
    year = {2022},
    note = {R package version 1.5.0},
    url = {https://CRAN.R-project.org/package=stringr}
```

但是，如套件 AER 有書、有套件，citation 只會取出書的索引：

>citation("AER")
To cite AER, please use:

 Christian Kleiber and Achim Zeileis (2008). Applied Econometrics with R. New York: Springer-Verlag.
ISBN 978-0-387-77316-2. URL https://CRAN.R-project.org/package=AER

LaTeX 的使用者的 BibTeX 條目是：

```
@Book{,
    title = {Applied Econometrics with {R}},
    author = {Christian Kleiber and Achim Zeileis},
    year = {2008},
    publisher = {Springer-Verlag},
    address = {New York},
    note = {{ISBN} 978-0-387-77316-2},
    url = {https://CRAN.R-project.org/package=AER},
}
```

knitr 有一個 write_bib 函數，可以處理多個查詢，並搜尋所有分類，將之寫入 references.bib，相當方便：

```
knitr::write_bib(c("plm"), width = 60, "references.bib")
```

如下，panel data 套件 plm，有 Manual、書 (Book) 和期刊文章 (Article)，將所需要的資訊寫入 references.bib 內。

```
>knitr::write_bib(c("plm"), width = 60)
@Manual{R-plm,
    title = {plm: Linear Models for Panel Data},
    author = {Yves Croissant and Giovanni Millo and Kevin Tappe},
    year = {2023},
    note = {R package version 2.6-3},
    url = {https://CRAN.R-project.org/package=plm},
}

@Book{plm2018,
    title = {Panel Data Econometrics with {R}},
    author = {Yves Croissant and Giovanni Millo},
    publisher = {Wiley},
```

```
  year = {2018},
}

@Article{plm2008,
  title = {Panel Data Econometrics in {R}: The {plm} Package},
  author = {Yves Croissant and Giovanni Millo},
  journal = {Journal of Statistical Software},
  year = {2008},
  volume = {27},
  number = {2},
  pages = {1--43},
  doi = {10.18637/jss.v027.i02},
}

@Article{plm2017,
  title = {Robust Standard Error Estimators for Panel Models: A Unifying
          Approach},
  author = {Giovanni Millo},
  journal = {Journal of Statistical Software},
  year = {2017},
  volume = {82},
  number = {3},
  pages = {1--27},
  doi = {10.18637/jss.v082.i03},
}
```

以上是建立索引目錄，內文索引可以這樣做：

Rmd 輸入：見 [@knitr2015, 33-35] 指出

輸出顯示：(Xie 2015, 33–35) 指出

Rmd 輸入：見 @knitr2015 [33-35]

輸出顯示：見 Xie (2015, 33–35)

Rmd 輸入：[@Amat2018] 認爲
輸出顯示：(Amat, Michalski, and Stoltz 2018)

Rmd 輸入：@Amat2018 認爲
輸出顯示：Amat, Michalski, and Stoltz (2018) 認爲

Rmd 輸入：[見 @Baltagi2013, Chapter 2]
輸出顯示：(見 Baltagi 2013, chap. 2)

Rmd 輸入：見 @Baltagi2013 [Chapter 2]
輸出顯示：見 Baltagi (2013, chap. 2)

Rmd 輸入：見 [@correa_2009; @grolemund_r_nodate]
輸出顯示：見 (Corrêa, Bueno Filho, and Carmo 2009; Grolemund n.d.)

Rmd 輸入：見 @correa_2009, @grolemund_r_nodate
輸出顯示：見 Corrêa, Bueno Filho, and Carmo (2009), Grolemund (n.d.)

在本章結尾顯示的文獻列表即由此自動編製，請參考本書附檔 05-2x. Rmd。文獻列表的樣式，如果選擇 template，YAML 就會遵循指定期刊。不然，有一個通用的樣式，就是美國心理學會 APA；關於此，可參考：

https://github.com/citation-style-language/styles

關於文獻製作更簡易的方法，就是使用 RStudio 內的 Zotero Library，如圖 5.4-1：

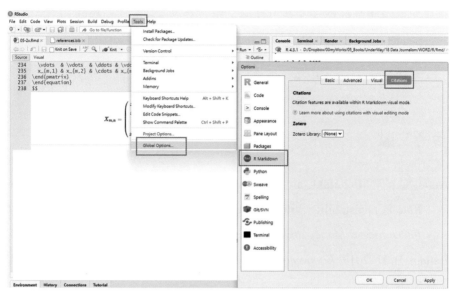

▶▶ 圖 5.4-1

說明請參考以下網址，有關 Citation from Zotero Library 的部分：

　　https://rstudio.github.io/visual-markdown-editing/citations.html

Zotero 是開源軟體：https://www.zotero.org/download/，概念類似 Endnotes。建議讀者自行裝置 Zotero 軟體，使用類似 Endnote 的功能建立書目，再如圖 5.4-1 透過 RStudio 建立資料庫連結，就可以於 Rmd 文件內自由自在索引。

筆者作法是在 Zotero 管理書目文獻，然後輸出成 bibtex.bib 檔案，再併入 Markdown 所用的檔案。

5.4-2　製作註腳 footnote

在 R Markdown 製作註腳相當簡單，在內文使用 ^[] 即可。如第 5.4-1 節中提及註腳的段落內容，可這樣處理：

如果需要其餘樣式，如 JSON，可以參考 pandoc 的網站 ^[<https://pandoc.org/MANUAL.html#citations>]

註腳在 Rmd 看不出來，要輸出後才能看到。

參考文獻

Amat, C., T. Michalski, and G. Stoltz. 2018. Fundamentals and Exchange Rate Forecastability with Simple Machine Learning Methods. *Journal of International Money and Finance*, 88: 1-24.

Baltagi, B. H. 2013. *Econometric Analysis of Panel Data*. 4th ed. John Wiley & Sons, Inc.

Corrêa, F. M., J. S. S. Bueno Filho, and M. G. F. Carmo. 2009. Comparison of Three Diagrammatic Keys for the Quantification of Late Blight in Tomato Leaves. *Plant Pathology*, 58 (6): 1128-33. https://doi.org/10.1111/j.1365-3059.2009.02140.x.

Grolemund, Garrett, J. J. Allaire. n.d. *R Markdown: The Definitive Guide*. Accessed February 17, 2021. https://bookdown.org/yihui/rmarkdown/.

Xie, Yihui. 2015. *Dynamic Documents with R and Knitr*. 2nd ed. Boca Raton, Florida: Chapman; Hall/CRC. https://yihui.org/knitr/.

5.5　一個 R Markdown 到 Word 的樣式建立

如果你原本就是 LaTex 使用者，最後格式是產生 .tex 檔和 PDF，在 R Markdown 輸出引擎編輯 CTex 應該不會有太大問題。本書附的 CTEx2PDF.Rmd 可以提供參考。

但是，如果你的工作最後需要輸出成 Word 的話，就會面臨不少困難。例如，投稿系統不會支援 Markdown 或 HTML。在 HTML 中再漂亮的文件，都沒有辦法上傳。學校的碩博士論文，畢業時上傳的檔案格式不是 Word 就是 PDF。更別說中英文編校了。因此，在數據處理與文件整合的 Markdown 環境，最佳輸出選擇應該是 Word。輸出成 Word 後，再進行樣式編輯。

但是，如果是輸出成 Word，會出現一些困難。例如：需要額外設定樣式、圖表自動編號到了 Word 就消失。

如果你的寫作對於樣式要求不多，第 5.5-1 節將針對較樸素的 Word 做解說。但是，如果需要圖表依照章節編號、頁面方向直橫 (landscape/portrait) 更換，或雙欄寫作，就需要 officedown 這個套件來支援 bookdown 了。第 5.5-2 節詳細說明 officedown 的用法，並附上 officedown.Rmd 以供參考。

5.5-1　在 R Markdown 設定 Word 的樣式

輸出到 Word，必須提供一個 Word 樣式檔，例如，在 YAML 要有這樣的內容：

```
---
output:
  word_document:
    reference_docx: "mytemplate.docx"
---
```

第 1 步：由 R Markdown 內建立 mytemplate.docx。

必須注意，建立 mytemplate.docx，要從 pandoc 內建立（不能由 Word 建立），也就是由 R Markdown 文件開一個 mytemplate.Rmd 檔案（如圖 5.5-1），不管其內容，然後用 Word 編織輸出 mytemplate.docx（如圖 5.5-2），在 YAML 內可以指定其儲存路徑。

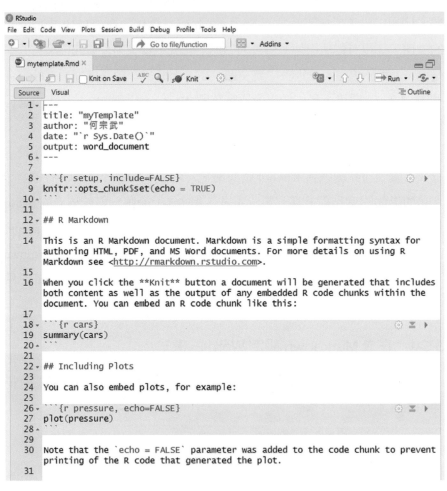

▶▶ 圖 5.5-1

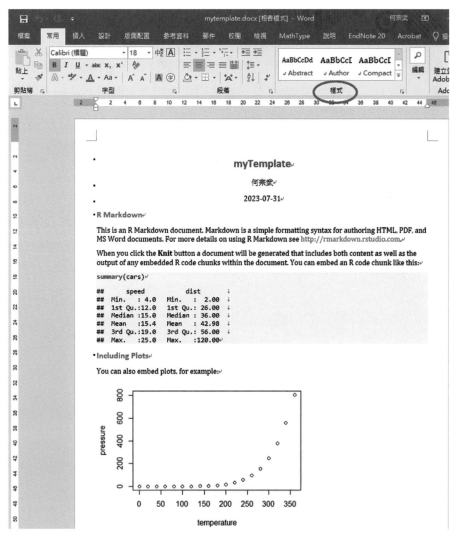

>> 圖 5.5-2

　　不用管 mytemplate.docx 內容為何，反正只是要處理樣式 (style)。

　　第 2 步：用 Word 打開 mytemplate.docx，針對物件編輯 style，例如，字體、字型、圖形若置中，則將之置中；同理，表格也是這樣處理。需注意，原始 mytemplate.Rmd 內必須有表格，才能設定樣式。

另外，如圖 5.5-2，Word 有樣式集，最好的方法就是選擇樣式，或由選單的設計和版面配置來處理。詳細的樣式設定，請參考 Word 的說明。

R Markdown 輸出成 Word 時，會依照樣式處理。例如，Word 不支援 R Markdown 內的圖形置中 (fig.aligh = "") 功能，輸出 Word 時，就不要指定這些參數，R Markdown 會讀取 mytemplate.docx 內的樣式。

5.5-2　使用 officedown

以下是使用 OfficeDown_article.Rmd 間的 Word 檔案，語法在 Word 看不到，請見 OfficeDown_article.Rmd 就會一目了然。例如，在旋轉頁面時，只要這兩行一頭一尾即可：

<!---BLOCK_LANDSCAPE_START--->

橫向頁面寫作內容

<!---BLOCK_LANDSCAPE_STOP--->

在雙欄寫作時，只要這兩行即可：

<!---BLOCK_MULTICOL_START--->

雙欄頁面寫作內容

<!---BLOCK_MULTICOL_STOP{widths: [3, 3], space: 0.2, sep: true}--->

下頁為輸出範例，請對照 OfficeDown_article.Rmd。

R Markdown 文件輸出 Word

何宗武

2023-09-06

1. 引言

R Markdown 輸出到 Word 並非難事，關鍵是設定樣式檔案，以 officedown 完成一切。「```」就能輕鬆搞定 Word。如果 R Markdown 輸出 PDF 時困難重重，先輸出 Word 再輸出 PDF，應該是最理想的解決方案。Word 樣式可以參考網頁[4]。

輸出 Word 最好的地方在於可以再編輯一次，再輸出成 PDF。如果學 LaTex 比較麻煩，那麼學一點 Word 樣式也沒什麼不好。

2. 使用 R 程式碼

R 代碼用 R Markdown 的語法嵌入，即三個反引號開始一段代碼 ``` {r}，和三個反引號 ``` 結束一段代碼。

2.1 迴歸分析

若迴歸斜率是 3.9324，完整的迴歸方程為：

$$Y = -17.5791 + 3.9324x$$

---

[4] https://transcendentreaderblog.com/write-your-thesis-style/.

2.2 估計係數表

▶表 1　迴歸估計結果表

	Estimate	Std. Error	t value	Pr(>|t|)
(Intercept)	-17.579	6.7584	-2.601	0.012
speed	3.932	0.4155	9.464	<0.001

表 1 是迴歸估計結果表，可以顯示表格標籤與交叉參照。

切記，在 officedown 內，表格標籤與自動編號，只能是 data.frame，用 knitr::kable(df) 完成的，無法顯示表格標籤與無法交叉參照。

2.3 資料表

資料表需要用 as.data.frame 才能顯示表格標籤。例如，先建立資料表 df 如下：

```
library(dplyr)
# extract a subset of the mtcars data
df <- mtcars |>
    mutate(make_model = row.names(mtcars)) |>
    filter(cyl == 4) |>
    select(make_model, mpg, wt) |>
    mutate(wt = wt*1000) |>
    arrange(make_model)
head(df)
make_model          mpg          wt
Datsun 710          22.8         2320
Fiat 128            32.4         2200
Fiat X1-9           27.3         1935
Honda Civic         30.4         1615
Lotus Europa        30.4         1513
Merc 230            22.8         3150
```

要以自動化編號的表格呈現，必須加上 as.data.frame()。

▶表 2　as.data.frame(df)

make_model	mpg	wt
Datsun 710	22.8	2320
Fiat 128	32.4	2200
Fiat X1-9	27.3	1935
Honda Civic	30.4	1615
Lotus Europa	30.4	1513
Merc 230	22.8	3150
Merc 240D	24.4	3190
Porsche 914-2	26.0	2140
Toyota Corolla	33.9	1835
Toyota Corona	21.5	2465
Volvo 142E	21.4	2780

上表 2 是資料表，用 as.data.frame 才能顯示表格標籤。

2.4 表格標籤隨著章走

表格標籤跟著章或章節走，適合書，不適合短文或期刊論文。先把物件做好，再呈現。

如表 1 是迴歸估計結果表。

2.5 畫圖

畫圖當然也是沒有問題的！

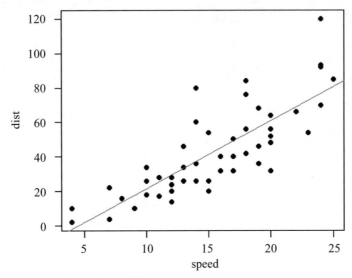

▶▶圖 1　cars 資料散點圖及迴歸線

索引圖 1 是 cars 資料散點圖及迴歸線。

2.6 本頁橫向

本頁橫向

2.7 本頁雙欄

| blah blah blah | blah blah blah |

3. 文獻索引

　　索引檔是索引資料庫，本例是 reference.bib。

- 書：Yihui Xie（謝益輝）等人的貢獻巨大，如 Xie, Dervieux, and Riederer (2020)
- 文章：索引一篇期刊文章，Diebold and Mariano (1995)

　　要注意輸入索引文獻時，雖然說結束的地方空一格，但是建議「前後」都留空格比較安全，如本 Rmd 檔案所鍵入方式：@DieboldMariano1995。

4. 書目

Diebold, Francis X., and Roberto S. Mariano. 1995. Comparing Predictive Accuracy. *Journal of Business & Economic Statistics*, 13(3): 253-63. https://doi.org/10.1080/07350015.1995.10524599.

Xie, Yihui, Christophe Dervieux, and Emily Riederer. 2020. *R Markdown Cookbook*. Boca Raton, Florida: Chapman; Hall/CRC. https://bookdown.org/yihui/rmarkdown-cookbook.

簡報就是微軟 Office 內簡稱 PPT 的 Power Point，當已經熟悉第 5 章的內容，本章相對簡易。如果簡報需要對資料製作圖表處理和統計分析，用 R Markdown 製作簡報就是最佳選擇；如果只是需要幾張文字投影片作為演講時的標題，那麼，如果有微軟的 PPT，就不需要再用 R Markdown。R Markdown 是簡報內容含有需要處理資料來產生的圖表和統計計算時，我們不只可以一氣呵成，並且維持文本的可重製性與資料連動性；不需要在 PPT 執行一連串複製貼上、插入圖表、啟動方程式編輯器等動作。

6.1　R Markdown **簡報**

6.1-1　開啟 R Markdown 簡報

類似第 5 章：File → New File → R Markdown...。如圖 6.1-1 在左方選 **Presentation**；然後，右邊就會指出 4 種輸出格式：兩個 HTML、一個 Tex PDF (Beamer)、一個 MS-PPT。如同之前的建議，輸出到 MS-PPT，還是保持 R Markdown 內的標準最安全，盡量要使用 Office 相容的功能，不然就要設定 Office 格式模板。

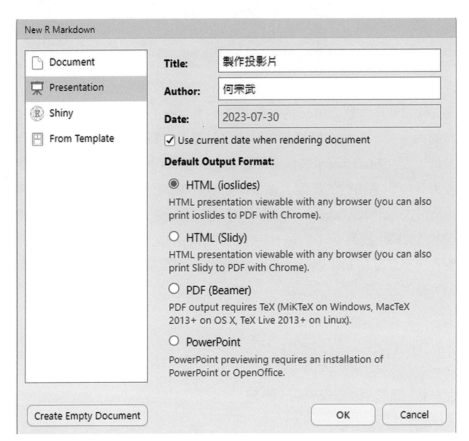

▶▶圖 6.1-1

　　接下來產生 Presentation 的 Rmd 檔案，如圖 6.1-2。檢視 YAML 格式，就會發現其實編寫 R Markdown 都一樣，只要改變 output 宣告，就可以轉變為另一種格式。要看一下內容，先編織它，再看看結果。

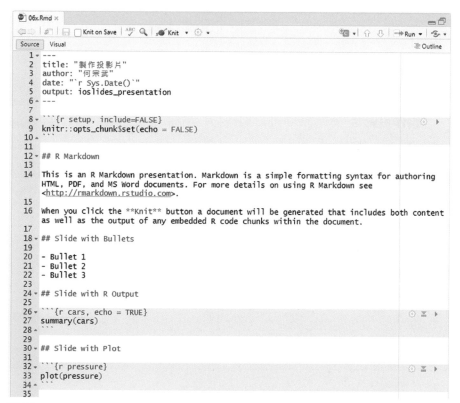

圖 6.1-2

　　編織後會在工作目錄產生一個同檔名的 06x.html，將之打開就可以看到書寫格式的基礎，如圖 6.1-3。與圖 6.1-2 對照看看，就可以知道規則。

　　第 1：第一頁就是 YAML 的資訊。

　　第 2：## 定義一頁的簡報，以第 3 頁為例，如果要製作分點內容，就用 Bullets，也就是使用 -。

　　其餘嵌入 R Code 都和第 5 章一樣。

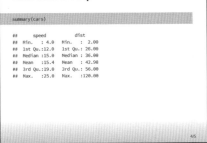

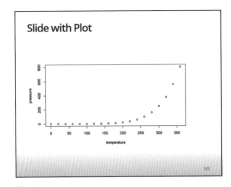

▶▶圖 6.1-3

接下來，我們看一種變化，如圖 6.1-4：

```
1  ---
2  title: "製作投影片"
3  author: "何宗武"
4  date: "`r Sys.Date()`"
5  output: ioslides_presentation
6  ---
7
8  # 早上
9
10 ## 起床
11
12  - 關鬧鐘
13  - 下床
14
15 ## 早餐 | 早齋
16
17  - 烤地瓜一條
18  - 豆漿咖啡一杯
19  - 蘋果半顆
20
21 # 晚上
22
23 ## 晚餐 | 輕食
24
25  - 蕎麥麵
26  - 檸檬汁
27
28 ---
29
30 ```{r, cars, fig.cap="散佈圖", echo=FALSE, fig.align='center'}
31 plot(cars)
32 ```
33
34 ## 睡覺
35
36  - 躺平
37  - 數羊
38
39
```

▶▶圖 6.1-4

第 8 行：

是單頁大標題。

第 15 行：

用 | 是副標題。

第 28 行：

--- 是不需標題的空白頁。

顯示請看圖 6.1-5：

圖 6.1-5

如果整篇簡報的條目，需要按一下，逐次顯示 (incremental)。則：

```
---
output:
    ioslides_presentation:
        incremental: true

---
```

循例，如果是這頁的3個條目要逐次顯示，則只需要在條目前添加>。

早餐 | 早齋

```
>- 烤地瓜一條
>- 豆漿咖啡一杯
>- 蘋果半顆
```

如果是這一頁要逐次顯示，則在第一行尾，加上 {.build}。

早餐 | 早齋 {.build}

```
- 烤地瓜一條
- Drink coffee
- 蘋果半顆
```

所有的效果只能出現在第一輪播放，整個檔案播放完，這種添加效果就失效，全檔都會一次顯示。除非關掉重新播放，這和 MS-Power Point 很不同。此外 MS-Power Point 有各種多層次的效果，多媒體功能可以十分強大。然而，R Markdown 下的 Presentation，其實就只是簡報，多媒體功能添加雖然沒問題，但似乎沒有必要花時間再修改 HTML 環境。

6.1-2　R Markdown 簡報格式的注意事項

簡報製作相對第 5 章來說，算是簡易很多，本書不會花太多篇章在解說上，有特殊需求的使用者，可以參考前面提過的 *R Markdown: The Definitive Guide*，此書有網路版[1]，可以免費閱讀。其中該書第 4 章有介紹各式各樣的簡報設定，包括背景、添加logo等等。此節以注意事項為主。

首先：Rmd 簡報的頁面，如圖 6.1-6，點選 Knit 下拉後四種格式雖然都有，但卻是無用的，因為當 YAML 在開檔時，已經指定輸出格式，這個 Knit 是無用的。不像文件，可以自動寫多個。

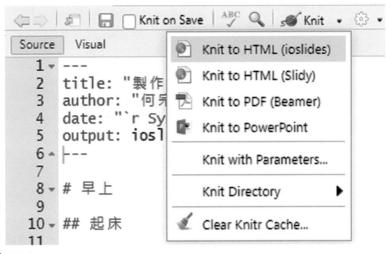

▶圖 6.1-6

一個簡單作法，就是直接在 YAML 先把 ioslides 以 Enter 鍵將之推下一行，就可以透過執行 Knit 添加四種格式：

1　https://bookdown.org/yihui/rmarkdown/.

```
---
output:
    slidy_presentation: default
    ioslides_presentation: default
    powerpoint_presentation: default
    beamer_presentation: default
---
```

修改 YAML 的方法，可以進入如圖 6.1-7 的環境。

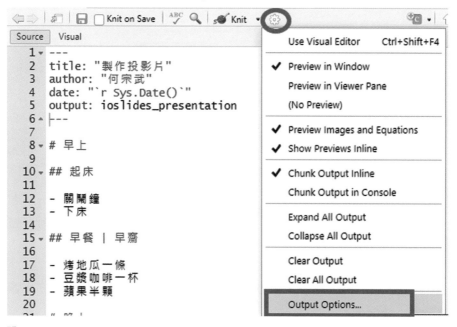

▶▶圖 6.1-7

接下來，諸多設定，可以由如圖 6.1-7 以點選方式完成。其實，第 5 章也有這方式可以用，不過在文件中，熟習 YAML 的細節還是很重要。對於簡單的技術工具，如簡報，我們可以很容易就完成。

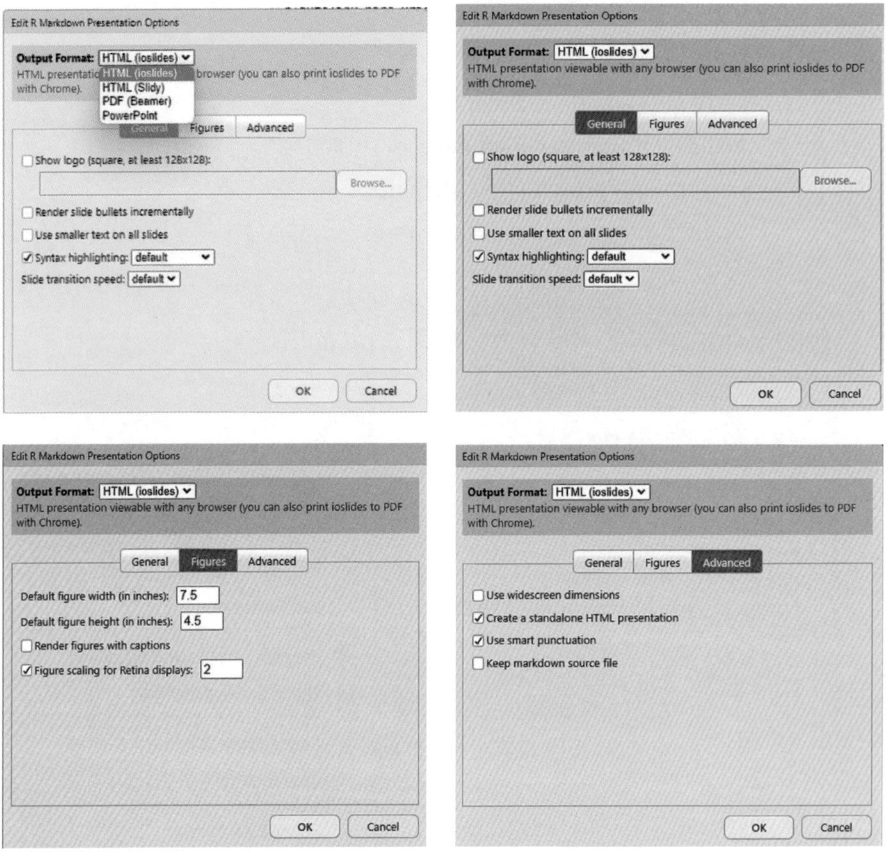

>> 圖 6.1-8

　　讀者讀到這裡，可以試試看編織一個 slidy_presentation，看看你比較喜歡哪一種效果。

　　熟悉 MS-Power Point 的讀者往往會有簡報的背景和圖片需求，這些都可以在 R Markdown 做到，依賴的是 HTML 語法和 CSS 設定格式。筆者個人對於 R Markdown 簡報需求不大，除非需要展示程式設計。在完成 Markdown 簡報後，我還是比較習慣編織成 MS-Power Point，再進行效果編輯。

6.2　用 R Markdown 寫一本書

6.2-1　Bookdown 專案啟動

　　第 5 章是 R Markdown 的基礎，範例是一篇文章。所以，只需要用
New File 的路徑，打開一個 Rmd 檔案即可。寫書基本上大同小異，只不
過需要改為以選擇新專案 New Project... 的方式打開，見圖 6.2-1。

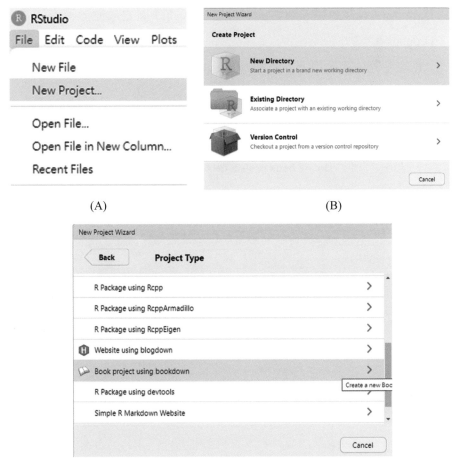

(A)　　　　　　　　　　　　　　　　(B)

(C)

▶▶圖 6.2-1

圖 6.2-1(C) 標註的位置就是寫書專案。前一個 Website using blogdown 就是架一個功能複雜²如 blog 的網站，最後一個 Simple R Markdown Website 則是功能相對簡易的資料科學網站。

確認後，進入圖 6.2-2 有兩個需要填入的資訊：

1. Directory name：專案名稱，此處填入 Applied Panel Data Analysis。此 時意味 R 將要建立一個以此為名的資料夾。

2. Create project as subdirectory of：此處透過 Browse.. 指定 Applied Panel Data Analysis 這個子目錄的存放位置。本例將之放置於筆者的 D:/ Dropbox。

都設定完成後，按下方 Create Project，就會依照條件，創建一個專 案子目錄，見圖 6.2-3。

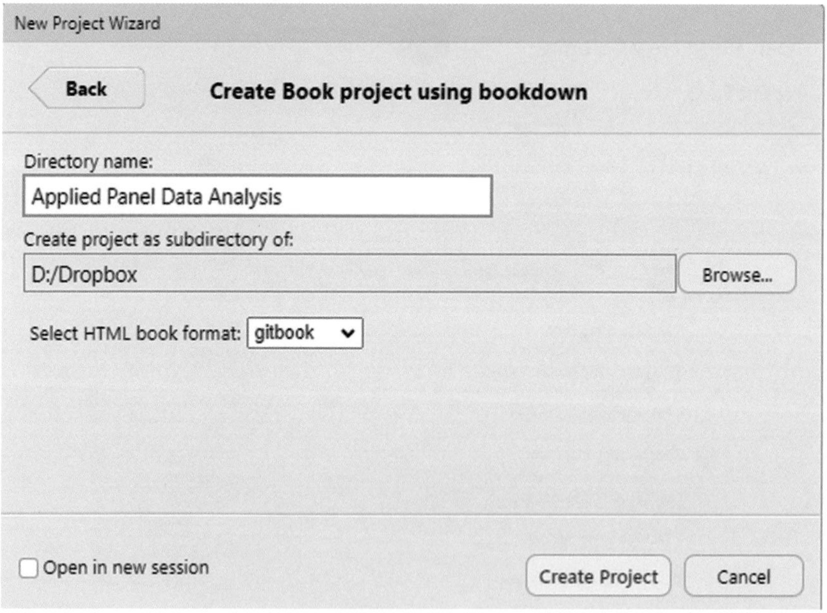

New Project Wizard

Back **Create Book project using bookdown**

Directory name:

Applied Panel Data Analysis

Create project as subdirectory of:

D:/Dropbox Browse...

Select HTML book format: gitbook ⌄

☐ Open in new session Create Project Cancel

▶▶圖 6.2-2

2　例如，具備互動性，且可以依文章主題分類、會員管理等等。

　　圖 6.2-3 右邊是子目錄內自動生成的檔案，寫書的動作在 .Rmd 檔案內完成。因為這部分很重要，此處利用局部放大，分為圖 6.2-4 和圖 6.2-5 兩塊講解。

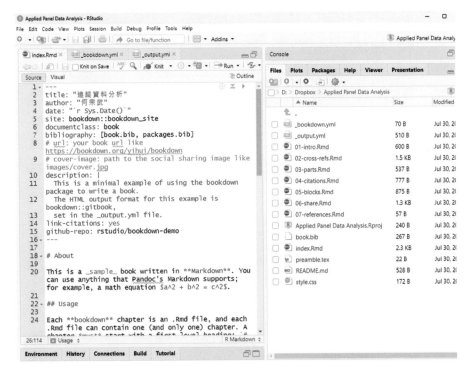

▶ 圖 6.2-3

　　圖 6.2-4 的檔案說明如下：

1. .Rmd 檔。加上 index.Rmd 和 7 個編號的，一共有 8 個。這是書的主文檔。輸出時，R Markdown 內容排序是：index、01、02……07。這個 index.Rmd 的邏輯和網站的邏輯一樣，瀏覽器會自動抓取 index.html。Index.Rmd 最上方，是書寫文件的內定 YAML，如同第 5 章的說明，都可以修改。

D: > Dropbox > Applied Panel Data Analysis

▲ Name	Size	Modified
..		
_bookdown.yml	70 B	Jul 30, 2023,
_output.yml	510 B	Jul 30, 2023,
01-intro.Rmd	600 B	Jul 30, 2023,
02-cross-refs.Rmd	1.5 KB	Jul 30, 2023,
03-parts.Rmd	537 B	Jul 30, 2023,
04-citations.Rmd	777 B	Jul 30, 2023,
05-blocks.Rmd	875 B	Jul 30, 2023,
06-share.Rmd	1.3 KB	Jul 30, 2023,
07-references.Rmd	57 B	Jul 30, 2023,
Applied Panel Data Analysis.Rproj	240 B	Jul 30, 2023,
book.bib	267 B	Jul 30, 2023,
index.Rmd	2.3 KB	Jul 30, 2023,
preamble.tex	22 B	Jul 30, 2023,
README.md	528 B	Jul 30, 2023,
style.css	172 B	Jul 30, 2023,

▶ 圖 6.2-4

2. .yml 檔。子目錄有兩個 .yml 檔案，修改細節後面再說，簡述如下：

  (1) _bookdown.yml 控制整體，例如：圖表編號使用名稱。

  (2) _output.yml 控制輸出 output 格式，原理和第 5 章的介紹一樣；所以，在 index.Rmd 的 YAML 沒有 output 設定。

3. 其他

(1) book.bib：書目文獻。

(2) style.css：CSS 格式。

(3) README.md 是這個子目錄的說明檔，如果你會把書放在 github，這個檔就很重要。

(4) .Rproj 是專案的主控檔。之後可以從 Windows 檔案總管直接快點速兩下即可進入專案；或進入 RStudio，依下順序啓動：

File　→　Recent Projects

圖 6.2-5 是 index.Rmd 的內文，這可以看成書的封面、前言和謝詞等等。編織時，一個 # 會被視爲 Chapter 1.，所以這個頁面編織後，會出現這樣的結果：

Chapter 1. About

　0.1 USAGE

　0.2 Render book

　0.3 Preview book

一個簡單的處理，就是將 bookdown 產生的內文全刪除（除了 YAML），改成：

前言 {-}

因爲 {-} 告訴 YAML：跳過這個檔案的章節編號，從 01.Rmd 開始。我們先快速編織一下這本書，會產生一個子目錄 _book，然後打開 index.html 檔案，如圖 6.2-6。

```
index.Rmd ×    _bookdown.yml ×    _output.yml ×

 ← →         Knit on Save    ABC  🔍    Knit ▾   ⚙ ▾  ▾   → Run ▾

Source  Visual                                              Outline

 1 ▾ ---                                               ⚙  ≚  ▶
 2   title: "追蹤資料分析"
 3   author: "何宗武"
 4   date: "`r Sys.Date()`"
 5   site: bookdown::bookdown_site
 6   documentclass: book
 7   bibliography: [book.bib, packages.bib]
 8   # url: your book url like
     https://bookdown.org/yihui/bookdown
 9   # cover-image: path to the social sharing image like
     images/cover.jpg
10   description: |
11     This is a minimal example of using the bookdown
     package to write a book.
12     The HTML output format for this example is
     bookdown::gitbook,
13     set in the _output.yml file.
14   link-citations: yes
15   github-repo: rstudio/bookdown-demo
16 ▾ ---
17
18 ▾ # About
19
20   This is a _sample_ book written in **Markdown**. You
     can use anything that Pandoc's Markdown supports;
     for example, a math equation $a^2 + b^2 = c^2$.
21
22 ▾ ## Usage
23
```

▶圖 6.2-5

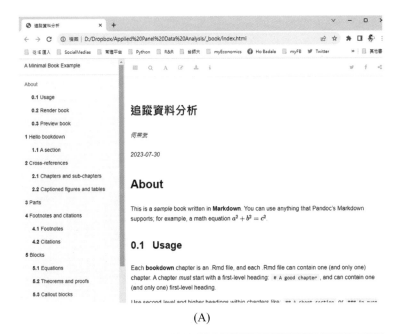

(A)

(B)

▶▶ 圖 6.2-6

子目錄 _book 位置如圖 6.2-7 的檔案總管。

名稱	修改日期	類型	大小
📁 _book	2023/7/30 下午 04:42	檔案資料夾	
📄 _bookdown.yml	2023/7/30 下午 03:26	YML 檔案	1 KB
📄 _output.yml	2023/7/30 下午 04:43	YML 檔案	1 KB
📄 01-intro.Rmd	2023/7/30 下午 03:26	RMD 檔案	1 KB
📄 02-cross-refs.Rmd	2023/7/30 下午 03:26	RMD 檔案	2 KB
📄 03-parts.Rmd	2023/7/30 下午 03:26	RMD 檔案	1 KB
📄 04-citations.Rmd	2023/7/30 下午 03:26	RMD 檔案	1 KB
📄 05-blocks.Rmd	2023/7/30 下午 03:26	RMD 檔案	1 KB
📄 06-share.Rmd	2023/7/30 下午 03:26	RMD 檔案	2 KB
📄 07-references.Rmd	2023/7/30 下午 03:26	RMD 檔案	1 KB
📄 Applied Panel Data Analysis.Rproj	2023/7/30 下午 03:26	R Project	1 KB
📄 book.bib	2023/7/30 下午 03:26	BibTeX Database	1 KB
📄 index.Rmd	2023/7/30 下午 04:42	RMD 檔案	3 KB
📄 packages.bib	2023/7/30 下午 04:42	BibTeX Database	3 KB
📄 preamble.tex	2023/7/30 下午 03:26	TeX Document	1 KB
📄 README.md	2023/7/30 下午 03:26	MD 檔案	1 KB
📄 style.css	2023/7/30 下午 03:26	階層式樣式表文件	1 KB

》圖 6.2-7

圖 6.2-8(A) 是 bookdown 很重要的一個檔案。如果要改成中文第 1 章，就要在這邊改 chapter_name，若圖表自動編號也要改成中文的話，可以依照以下方式修改 chapter_name 和 label：

```
language:
  label:
    fig: ' 圖 '
    tab: ' 表 '
```

```
ui:
    chapter_name: !expr function(i) paste(' 第 ', i, ' 章 ')
```

R Markdown 有一個處理國際語文的方式，以上是中文。其他語系的說明，可以參考 R Markdown 的線上電子書 "Internationalization" 那一章。

(A) _bookdown.yml

(B) _output.yml

▶▶圖 6.2-8

　　圖 6.2-8(B) 原則上不要動，可以改的就是框起來內建的 HTML 表頭：A Minimal Book Example，我們將之改成「資料寫作學」。

　　然後，本書依照前述修改後，由 bookdown 製作的電子書，如圖 6.2-9(A) 和 (B)。圖 6.2-9(B) 的表 2.17 就是自動產生的，在內文的交叉索引，Rmd 輸入：「接下來我們利用表 \@ref(tab:tbl2_9) 來舉例說明」。tbl2_9 是 Markdown 內賦予表 2.9 的物件代號。其餘圖片也同理操作。

(A)

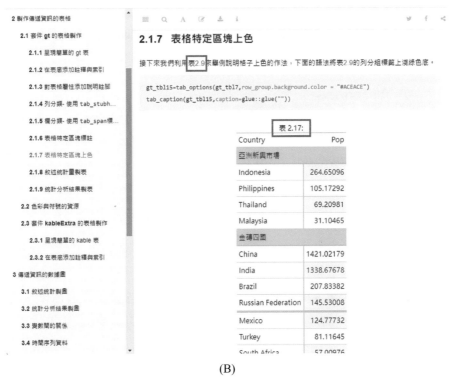

(B)

▶ 圖 6.2-9

　　圖 6.2-9 的結構，左邊就是 index.Rmd，呈現全書的目錄結構 (table of content, toc[3])，右邊就是內容。如果你其餘的 Rmd 只有內容，但是還沒有被編織過，那麼左邊的目錄結構就點不出內容。

　　針對很多 Rmd 檔案的一一編織很麻煩，所以 RStudio 有一個 Build 功能，如下圖 6.2-10，可以編織整個專案子目錄，也就是整本書。

---

[3]　見圖 6.2-8(B) 第 4 行。

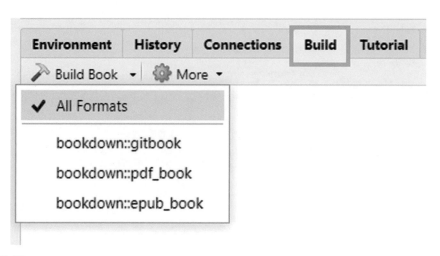

▶▶圖 6.2-10

　　如本書第 5 章第 5 節所解釋，以 bookdown 把文字輸出成 HTML 完全沒有問題，但是在轉成 Word 和 PDF 時，就必須要小心內文使用的語法與 Word 或 LaTex 之相容性。基本上，輸出成 Word 必須先建立 Word 的模板，輸出成 PDF 則要注意 LaTex 語法。如果在 R Markdown 內的書寫，圖表都是使用基本款而不是特殊套件的話，多半不會出現問題，若是用英文，那也幾乎都沒事。從 R Markdown 到 LaTex，中文還是隱藏了許多不可知的問題；從 R Markdown 到 Word，中文問題比較少，且基本上可以用 officedown 克服，關鍵只是格式模板的建立。這類工具性較強的東西，需用到時再去檢索即可，此處書寫，會流於瑣碎。

國家圖書館出版品預行編目資料

文圖互織的資料寫作學：使用R Markdown／何
宗武著. ――初版.――臺北市：五南圖書
出版股份有限公司, 2023.12
面；　公分
ISBN 978-626-366-720-4（平裝）

1.CST: 編輯器　2.CST: 電腦程式語言
3.CST: 電腦程式設計

312.553　　　　　　　　　　112017323

1H3R

文圖互織的資料寫作學：
使用R Markdown

作　　者 ― 何宗武

責任編輯 ― 唐　筠

文字校對 ― 許馨尹、黃志誠、林芸郁

封面設計 ― 俞筱華

發 行 人 ― 楊榮川

總 經 理 ― 楊士清

總 編 輯 ― 楊秀麗

副總編輯 ― 張毓芬

出 版 者 ― 五南圖書出版股份有限公司

地　　址：106台北市大安區和平東路二段339號4樓

電　　話：(02)2705-5066　　傳　　真：(02)2706-6100

網　　址：https://www.wunan.com.tw

電子郵件：wunan@wunan.com.tw

劃撥帳號：01068953

戶　　名：五南圖書出版股份有限公司

法律顧問　林勝安律師

出版日期　2023年12月初版一刷

定　　價　新臺幣550元

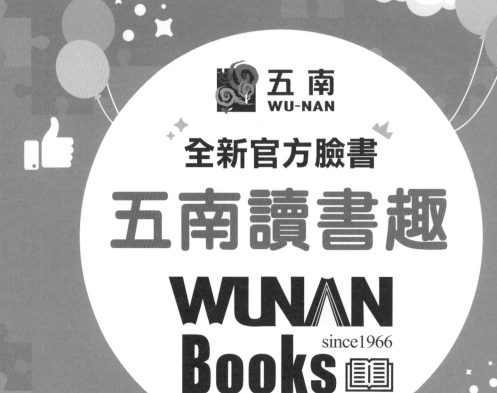

經典永恆·名著常在

五十週年的獻禮──經典名著文庫

五南，五十年了，半個世紀，人生旅程的一大半，走過來了。

思索著，邁向百年的未來歷程，能為知識界、文化學術界作些什麼？

在速食文化的生態下，有什麼值得讓人雋永品味的？

歷代經典·當今名著，經過時間的洗禮，千錘百鍊，流傳至今，光芒耀人；

不僅使我們能領悟前人的智慧，同時也增深加廣我們思考的深度與視野。

我們決心投入巨資，有計畫的系統梳選，成立「經典名著文庫」，

希望收入古今中外思想性的、充滿睿智與獨見的經典、名著。

這是一項理想性的、永續性的巨大出版工程。

不在意讀者的眾寡，只考慮它的學術價值，力求完整展現先哲思想的軌跡；

為知識界開啟一片智慧之窗，營造一座百花綻放的世界文明公園，

任君遨遊、取菁吸蜜、嘉惠學子！